基于大数据和 BIM 的
工程造价管理及应用研究

麻海峰　李　静　主编

汕頭大學出版社

图书在版编目（CIP）数据

基于大数据和 BIM 的工程造价管理及应用研究 / 麻海峰，李静主编 . -- 汕头 : 汕头大学出版社，2023.11
ISBN 978-7-5658-5178-0

Ⅰ . ①基… Ⅱ . ①麻… ②李… Ⅲ . ①建筑工程－工程造价－应用软件－研究 Ⅳ . ① TU723.32-39

中国国家版本馆 CIP 数据核字（2023）第 240954 号

基于大数据和 BIM 的工程造价管理及应用研究
JIYU DASHUJU HE BIM DE GONGCHENG ZAOJIA GUANLI JI YINGYONG YANJIU

主　　编：麻海峰　李　静
责任编辑：黄洁玲
责任技编：黄东生
封面设计：皓　月
出版发行：汕头大学出版社
　　　　　广东省汕头市大学路 243 号汕头大学校园内　邮政编码：515063
电　　话：0754-82904613
印　　刷：廊坊市海涛印刷有限公司
开　　本：710mm×1000mm　1/16
印　　张：8.5
字　　数：160 千字
版　　次：2023 年 11 月第 1 版
印　　次：2024 年 1 月第 1 次印刷
定　　价：58.00 元
ISBN 978-7-5658-5178-0

前 言

　　随着工程造价在实际工作中对信息技术的广泛应用，工程造价行业已经进入大数据时代，同时，工程造价行业也面临着很多问题。工程造价信息数据还没有统一的标准，信息互联、互通困难，还存在着很多"信息孤岛"，工程造价信息数据更新速度慢，信息的价值没有得到很好体现等。建设工程项目还具有周期长、参与方多以及建设过程信息量大等特点。虽然近年来产生了许多专业造价软件，摆脱了传统手工造价的束缚，但是在信息数据共享以及沟通上不能很好地与工程建设其他过程相衔接，而 BIM（Building Information Modeling）技术可以将工程项目相关信息整合到一个信息模型中，促进项目各参与方的信息数据进行共享与沟通交流，从而更好地节约项目建设成本。因此，运用 BIM 技术实现建设项目的工程造价管理是现代建筑行业发展的新态势。

　　本书是工程造价方面的著作，从工程建设项目谈起，分析和阐述了 BIM 在工程造价应用工作中的现实意义。本书主要从大数据、BIM 工程造价管理、工程造价概述、BIM 与工程造价、BIM 建筑与安装工程量、数据工程与治理、大数据的工程造价信息管理平台分析等方面做了详细论述。从内容上看，内容涉及面广，针对性强，适合工程项目院校管理者、工程专业领头人、相关专业的研究者和学生参考，也可供对大数据和 BIM 工程造价管理感兴趣的人士阅读。从结构上看，本书将理论与实践紧密结合，使读者在充分了解工程造价管理的理论基础上，加强对 BIM 在工程造价项目中的理解。

　　在撰写过程中，本书参考和借鉴了许多专家学者的文献资料和研究成果，具体已在参考文献中一一列出，在此对他们表示衷心的感谢！由于作者水平有限，修订时间较为紧张，因此，书中有不妥和错误之处在所难免，欢迎广大读者批评指正。

目 录

第一章　"大数据＋BIM"工程造价管理

第一节　大数据和BIM技术概念与特征

一、大数据概念及其特征

一般来说，大数据（big data）或称巨量资料，指的是所涉及的资料量规模巨大到无法透过主流软件工具，在合理时间内进行撷取、管理、处理并整理成帮助企业经营决策达到更积极目的的资讯。

大数据绝对不单单是指庞大的、海量的数据，目前大多数的定义都是从大数据的特点来给出的。

大数据是一种人工在合理时限内无法处理整合的规模巨大的抽象信息。而有的学者认为，大数据就是高速获取的有效信息。前者是从大数据本身出发所给出的描述性概念，后者表述了大数据的重大作用。所以，给予大数据大家普遍认同的定义，几乎是不能实现的。不同的群体站在不同的逻辑出发点所接受的大数据方面是不一样的，这也表明大数据具有一般价值的同时，也具有特定价值。

从宏观角度来看，连接物理世界、信息空间和人类社会的纽带就是大数据，物理世界通过互联网、物联网等技术有了在信息空间的大数据反映，而人类社会则借助人机界面、脑机界面、移动互连等手段在信息空间中产生自己的大数据映像，从信息产业的角度来讲，大数据还是新一代信息技术产业发展的推动力。

"大数据"一词在互联网IT行业逐渐流行，但仍然没有严格的定义，这也说明，这一概念在数据分析行业有着无限的发展空间以及无穷的潜在价值。

在科学研究数据与日俱增的今天，我们把与科学相关的大数据称之为科学大数据。大数据工程指大数据的规划建设运营管理的系统工程，随着当今社会大数据技术的应用越来越多，各地政府都在积极建设大数据管理机构，此举即是为了推进大数据工程的落地，让大数据建设运营体系更加规范化。大数据应用，是指大数据价值创造的关键在于大数据的应用，随着大数据技术的飞速发展，大数据应用已经融入各行各业。企业大数据应用重点体现在业务需求方面，而在此之前，大数据需要对包括大规模并行处理（MPP）数据库、分布式文件系统、数据挖掘电网、云计算平台、分布式数据库、互联网和可扩展的存储系统的数据进行有效处理和精准分析等。以上大数据科学、大数据工程和大数据应用便是现今主要的大数据技术。

随着大数据时代的到来，企业开始探索如何利用海量数据来提高决策效率和质量，用于处理、分析、可视化和挖掘数据中蕴含的价值。现在用于大数据分析的工具有很多，例如 Hadoop、Spark、Hive、Tableau、Python、阿里云大数据、腾讯云大数据、百度大数据、华为云大数据、科大讯飞等。当前用于分析大数据的工具主要有开源与商用两个生态圈，分别为 HadoophDFS、HadoopMapReduce、HBase 等的开源大数据和一体机数据库，以及包括数据仓库及数据集市在内的商用生态圈。由于大型数据集分析需要大量计算机持续高效工作，而大量非结构化数据需要大量时间和金钱来处理分析关系型数据库，因此大数据分析和云计算经常被同时提及。和传统的大数据不同的是，现在的大数据分析存在数据仓库数据量大、查询分析复杂等问题。

目前，大数据把时间作为处理要求，流处理和批处理是两种主要的处理方式。流处理广泛应用于在线数据，一般而言都是秒或毫秒级别的，其技术在某种程度上已经比较成熟了，具有代表性的开源系统有 Storm、S4 和 Kafka。流处理会在最短时间内处理得到的数据并且分析得出精准、科学的结果。因为它是处理假设数据的潜在价值，着重于数据的新鲜度。数据接连传送过来，携带了巨量的数据，其中只有相当小的部分被保存在十分有限的内存中。而批处理通俗来讲，就是数据先被储存再被分析。MapReduce 就是其中具有重要意义的批处理模型。数据先被分成若干小数据 chunks，接着并行处理，而且以分布的方式得出中间结果，最后被合并产生最终结果。由于 MapReduce 非常简单高效，所以它在生物信息、Web 挖掘和机器学习中被大规模应用。以上两种不同的处理方式会让相关平台在结构上产生不同。

结构化数据分析、文本分析、Web 数据分析、多媒体数据分析、社交网络数据分析和移动数据分析等从数据生命周期、数据源、数据特性等方面总结比较核心的数据分析方法。企业可以针对自身的需求，应用某种数据分析方法来分析自身现有的数据，进而从数据中发现问题，如产品设计问题、运营策略问题、战略规划问题等。

大数据总体上有四个特点：第一，数据量巨大，从 TB 级别跃升到 PB 级别。第二，数据类型繁多，它包括多种结构化的数据。第三，处理速度快，数据的处理速度可以快到只要 1 秒。第四，只要对数据进行充分的挖掘、分析，就会产生很高的价值。大数据特点也可以归纳为 4 个 "V"——Volume（数据量庞大）、Variety（数据种类繁多）、Velocity（处理速度快）、Value（高价值）。

（一）数据量巨大（Volume）

数据量巨大是大数据和传统数据最显著的区别，它不仅指数据需要的存储空间大，也指数据的计算量巨大，通常可以达到 PB 级以上的计量，甚至是 ZB 级，而一般数据的数据量在 TB 级。产生这么巨大的数据量有三方面的原因：一是由于技术的发展，人们会使用各种各样的设备，能够了解到更多事物，而这些数据都可以保存下来；二是由于各种通信工具的使用，人们能够随时保持联系，这就使得人们交流的数据量快速增长；三是由于集成电路价格低廉，让许多设备都有智能的成分。

数据量的大小间接体现了大数据技术处理数据的能力。数据的基本单位是字节（Byte），对于传统企业来说，数据量一般在 TB 级，而对于一些大型企业，比如大型搜索引擎百度、谷歌，以及新浪微博和淘宝网等，数据量则达到 PB 级。目前的大数据技术处理的数量级一般指 PB 级以上的数据。

（二）数据类型多样化（Variety）

大数据拥有多种多样的数据类型，既可以是单一的文本形式或结构化的表单，也可以是半结构化的数据或非结构化的数据，比如语音、图像、视频、地理位置信息、网络日志、订单等。

结构化的数据便于人和计算机对事物进行存储、处理和查询，在结构化的过程中，直接抽取了有价值的信息，而对于新增数据可以用固定的技术进行处理。存储和处理非结构数据是相当麻烦的，因为在存储数据的同时，还要存储各种各样的数据结构。目前非结构化的数据已经占据总数据的 3/4 以上，而且随着数据的迅猛增长，新的数据类型越来越多，传统的数据处理已经越来越不能满足需求。

大数据不仅量大，而且种类繁多。在这庞大的数据量中，约有 4/5 的数据属于非结构化数据，它们来自物联网、社交网络等各个领域，只有小部分属于结构化的数据。

1. 结构化数据

结构化数据指传统的关系数据模型、行数据，存储于数据库中。这是以表格形式呈现的数据，表格每一列的数据类型相同。其典型的应用场景为企业 ERP、财务系统、医疗 HIS 数据库、教育一卡通、政府行政审批等，而高速存储、数据备份、数据共享和数据容量可以满足这些应用对存储数据的基本要求。

2. 非结构化数据

非结构化数据没有标准格式，不能直接得出对应值，比如文本、图像、语音、视频、网页等。其中文本是在掌握了元数据结构时，由机器生成的数据。图像中的图像识别算法已经逐渐成为主流。音频的发展仅停留在解译音频流数据的内容，并能够判断说话者的情绪，再者就是用文本的分析技术对部分数据进行分析。视频是最具有挑战性的数据类型，目前还不能完全对视频内容进行分析。非结构化数据的增长速度很快，在对非结构化数据进行整理、组织和分析的同时，可以增强企业的竞争实力。

3. 半结构化数据

半结构化数据类似 XML、HTML，数据结构和内容混杂在一起，介于结构化和非结构化数据之间，一般是纯文本数据，日志数据、温度数据等。其典型应用场景包括数据挖掘系统、Web 集群、邮件系统、档案系统、教学资源库等，数据存储、数据备份、数据共享以及数据归档等可以满足这些应用对存储数据的基本要求。

（三）数据处理速度快（Velocity）

大数据的增长速度极快，几乎是爆发性增长，所以对数据存储和处理速度也要求极高。面对海量的数据，需要对其进行实时分析并获取有价值的信息。在数据处理速度快的前提下，还要综合考虑数据处理的及时性，这和传统的数据分析处理有着显著的区别。由于数据不是静止的，而是不断流动的，并且数据的价值随着时间的流逝不断下降，所以要求数据处理具有及时性。在目前的应用中，大数据往往以数据流的方式产生，并且快速流动、消失，数据的不稳定性就使得数据处理需要具有较高的实时性。

（四）数据潜在价值大（Value）

从商业应用领域来看，挖掘出大数据潜在的价值是目前对大数据投入资本的根本出发点和落脚点，对数据进行合乎情理的运用和有效的分析，可以收获巨大的价值利润。

另外，大数据还具有低密度的特征。在海量的数据中，有价值的信息只占一部分。换句话说，数据量呈指数增长的同时，隐藏在海量数据里面的有用信息并没有同步增长，而如何将这些有价值的信息准确地挖掘出来，也是目前急需解决的问题。

二、BIM 技术概念

BIM 是英文术语缩写，即"Building Information Modeling"，中文译为"建筑信息模型化"，它是将一个项目的实体和功能特性转换为数字化表达方式。建筑信息模型对于建筑类和工程类都是一种新工具，利用建设项目信息的输入，建立虚拟建筑物的概念模型。它具有可视化、协调性、模拟性、优化性和可出图性五大特点。在 BIM 数据存储信息的建设中主要是基于各种数字技术，以数字信息模型作为各项目建设的基础，开展相关工作。

在建设项目的全寿命周期中，BIM 可以实现综合信息管理。该信息模型结合了相应的施工项目管理行为信息，因此，在某些情况下，建筑信息模型可以模拟真实的建筑施工工程分析，如建筑日照分析、外维护结构导热分析等。

将应用 BIM 技术所创建的 3D 模型中，加入第四维度——时间，便形成具有可视化模拟施工过程功能的 4D 模型，该模型可以用来研究施工任务的可行性、进行施工计划的安排与优化等，从而减少施工风险。BIM5D 技术则是在 BIM4D 模型的基础上加入成本维度，从根本上打破了传统虚有其表的动网展示建设过程的方式，重新定义了 BIM 技术中的可视化虚拟建造功能。这一功能实现了工程管理者在工程建设行为发生之前，对工程建设过程中的各个关键部位的施工组织方案、资金使用计划、材料及劳动力需求计划的预测，在事前发现问题并及时优化方案、解决可能存在的问题。BIM5D 模型是工程量、工程进度、工程造价数据的集合体，不仅能实现传统意义的工程量统计，还能将构件三维可视模型与 WBS 工作衔接，实现对施工过程中进度与成本的实时监控。

BIM3D 是建设项目信息化以及虚拟建造技术的基础信息模型，加入时间与成本维度后，才能够成立"三控两管"（进度、成本、质量、合同、资源）项目目标总控系统。总而言之，BIM5D 技术的出现，为解决我国工程造价管理体系存在的问题提供了新的发展思路，对建筑行业信息化发展具有重大意义。

三、BIM 技术特征

①可视化。就是将传统工程项目的构件信息通过软件建立起可视化三维模型，并且 BIM 在工程建设的各个阶段都是在可视化的状态下进行的，比如在项目决策、设计、建造，甚至于使用阶段，都可以做到可视化。

如果可以真正地在建筑行业运用 BIM 的可视化，就是用"看得见"的形式，那产生的作用将是非常大的。比如说，一般设计院给出的建筑施工图纸都是平面的，并且只是线条绘制的构件信息，建筑的整个立体图形只能依靠各参与人员的想象能力。这种想象对于造型简单、常见的建筑图纸来说没有什么问题，但是现代设计师讲求创新精神，往往建筑形式各异、奇特，如此复杂的形式只依靠项目参与人员的想象未免不太现实。因此，将 BIM 技术应用于工程项目建设施工，便是利用了其中的一个特点——可视化，参与人员能够轻松地通过 BIM 技术，在将模型进行细化及深化之后，配合相关软件生成贴近现实的三维渲染动画，给人以真实感和直接的视觉冲击。

②协调性。它是 BIM 技术的重要内容。在工程项目设计阶段，因各专业设计师之间缺乏沟通，导致构件之间在实际施工过程中会产生碰撞等问题，而 BIM 技术的协调性就可以处理这种问题，BIM 软件可以在设计图纸出图完成后，将图纸构件信息输入到 BIM 软件中，软件便会进行碰撞检查，生成协调报告，以供各专业设计人员及时排查碰撞问题，做到事前控制，而不是事后发现再采取补救措施，这样就大大节约了时间与资金成本，避免造成施工过程中的浪费。BIM 不仅能解决各构件之间的碰撞问题，还可以解决专业内部的布置协调问题，比如电梯井的布置、防火设备的分布格局等。

③模拟性。BIM 可以对建筑物的外观形态与实操事物进行模拟，比如可以对设计的事物进行节能模拟、热传导模拟、安全通道疏散模拟以及日照分析模拟等；在施工阶段，可以利用 BIM4D 技术对施工组织计划、进度进行实际模拟，从而确定更加合理、更接近现实情况的施工组织方案；在施工过程中，还可以利用 BIM4D 技术加入成本维度，即 BIM5D 技术对施工阶段的成本进行动态监控，实现成本管控等。

④优化性。对工程建设项目的管理就是对其进行持续优化的过程，虽然 BIM 不能直接对其进行优化，但是建筑信息模型可以实现动态优化。信息、时间和复杂程度是优化的三要素。BIM 模型可以为项目优化过程提供如物理、几何规则等实物信息；时间是优化的第二要素，只有经过一定时间才可以实现对事物的优化，并且优化过程不是一成不变的，而是动态的，建筑信息模型就是对建筑物的动态控制优化的模型基础；现代基于创新形式的建筑物越来越多，其建设过程的复杂程度也越来越大，传统的管理方法已经力不从心，而 BIM 系统工具优化此类复杂项目却得心应手，因此 BIM 可以对建筑物进行方案及特殊设计的优化。

⑤可出图性。BIM 模型所出的图是经过可视化、协调及优化之后的三维设计方案，比如说经过碰撞检查、修改优化设计之后的综合管线图、预留孔洞图以及碰撞检查报告、改进方案等。

第二节 Hadoop 技术和大数据处理流程

一、Hadoop 技术

Hadoop 是一种分析和处理大数据的软件平台，是一个用 Java 语言实现的 Apache 的开源软件框架，在大量计算机组成的集群中实现了对海量数据的分布式计算。具有可靠性高、容错性好等优点。除此以外，Hadoop 不需要很高的硬件环境，只需普通 PC 即可，成本较低。Hadoop 使用了分布均衡策略，用它来处理大数据，可以加快读写速度。同时，Hadoop 平台封装了底层开发细节，用户在它上面开发分布式程序，只需要关注设计逻辑，不用关心底层开发细节，这样可以节省用户开发时间。由于 Hadoop 所具有的优点，它成为目前在大数据环境下的主流数据处理技术，当前全球最大的社交网络公司 Facebook 公司的数据处理就应用了 Hadoop 技术，我国的知名互联网公司百度与阿里巴巴也使用了 Hadoop 技术。Hadoop 集群有主次两个结构，拥有一个中心节点和多个子节点。中心节点 Master 运行着 NameNode（名字节点）和 Job Tracker（工作执行），NameNode 的作用主要是管理文件系统，将元数据信息存放在文件中，Job Tracker 的作用主要是在管理中执行任务。分布式子节点上运行 DataNode（数据节点）和 Tasktracker（任务执行），DataNode 的作用是存储其附带的数据信息，Tasktracker 的作用是在执行任务数据存储过程中，中心节点的 NameNode 先将文件进行分割，然后 Tasktracker 将其分散在数据节点中。

HadoopCommon 主要包括支持 Hadoop 架构的基础性功能，包括文件系统、远程调用协议和数据串行化库等。MapReduce 在 Hadoop 的框架中主要负责对大数据进行并行计算。HBase 是基于 Hadoop 的数据库，它不用于一般的关系型数据库，而是可以用于非结构化的大数据存储。Hive 是基于 Hadoop 的数据仓库，它提供了强大的 SQL 查询工具，可以将 SQL 转换为 MapReduce 任务进行运行。Pig 是一个用于大数据分析的工具，它能够支持并行处理。Zookeeper 主要用于维护基于 Hadoop 集权的配置信息、命令信息等。

其中 HDFS 和 MapReduce 是 Hadoop 集群的核心。Hadoop 集群上大数据的分布式存储由 HDFS 实现，它具有较高容错性与较好的伸缩性。Hadoop 集群上大数据的并行处理由 MapReduce 实现，它具有逻辑简单、底层透明等优点。HDFS 在

MapReduce 任务处理过程中主要对文件进行读、写，MapReduce 对存放在 HDFS 上的文件可以进行分布式计算。

二、大数据处理流程

大数据处理数据的过程如下：

数据采集→数据分析→数据解释

①数据采集。大数据的种类繁多，处理起来比较困难。在对大数据进行处理时，首先要抽取数据源，然后将相关数据集成，之后提取相关联系和实体。提取时采用关系和聚合的方法，在提取和集成的过程中，还要对大数据进行倾斜，只有这样提取和集成的数据才有较高的质量和可行性，最后用合适的方式来存储大数据。当前，主流的数据库技术都具有成熟的抽取和集成模式。

②数据分析。数据分析是大数据处理过程中最关键的步骤，它主要是从数据源中挖掘出大数据的价值。目前在大数据的应用过程中面临着很多新的问题：需要更好地挖掘数据的价值，以及需要调整算法以使其与大数据处理相适应。大数据处理过程要求算法不仅要有较高的准确性，而且要求算法还要具有实时性的特点，这对算法提出了更高的要求。虽然在大数据处理流程中数据分析是最关键的步骤，但是分析结果的好坏程度需要有一套评估体系来进行评估。如何建立一套与大数据相适应的评估系统也是大数据处理的难点。

③数据解释。大数据环境下的大数据处理除了用传统的方式将处理结果以文本与图像等方式在电脑终端上显示外，还需要更多的交互手段来实现智能化的需求。

第三节　基于 BIM 技术的 Revit 算量

一、概述

工程造价管理是将管理学、经济学和工程技术等方面的知识和技能有机结合并综合运用，对工程造价作出预测、计划、控制、审核分析并评价的全过程关注管理工作。工程造价管理也分为两个范畴：一是指工程投资费用管理，二是指建设工程价格管理。而在工程造价管理理论和方法上较为先进的是建设工程全面造价管理理论。

按照国际工程造价管理促进会给出的定义，全面造价管理（Total Cost Management）是指在全部战略资产的全生命周期造价管理中，采用全面的方法对投入的全部资源进行全过程的造价管理。这样做可以有效地利用专业知识与技术，对资源、成本、盈利和风险进行筹划和控制。建设工程全面造价管理包括全生命周期造价管理、全过程造价管理、全要素造价管理和全方位造价管理。由于在实际管理过程中，在工程建设及使用的不同阶段，工程造价存在诸多不确定性。因此，全生命周期造价管理至今作为一种实现建设工程全生命周期造价最小化的指导思想，指导建设工程的投资决策及方案的选择。

全过程造价管理是当前工程造价管理方式变革的主要方向，是覆盖了建设工程策划决策及建设实施各个阶段的造价管理。全过程造价管理包括决策阶段的项目策划、投资估算、项目经济评价、项目融资方案分析；设计阶段的限额设计、方案比选、概预算编制；招投标阶段的标段划分、承包发包模式及合同形式的选择、工程量清单及招标控制价编制、标底编制；施工阶段的工程计量与结算、工程变更控制、索赔管理；竣工验收阶段的结算与决算等。全过程造价管理的内容包括了对影响工程造价的各个要素进行全面综合管理，即考虑工期、质量、造价、安全与环境等各类成本要素，全方面进行集成管理。其核心是按照优先性的原则，协调和平衡工期、质量、安全、环保与成本之间的对立统一关系。

建设工程造价管理不仅仅是业主或承包单位的任务，还是政府建设主管部门、行业协会、业主、设计方、承包方以及有关咨询机构的共同任务。尽管各方的地位、利益、角度等有所不同，但必须建立完善的协同工作机制，才能实现对建设工程造价的有效控制。

伴随着建筑业的发展以及工程造价管理方式的变革，BIM 技术的应用带来了一次颠覆性的革命，它将改变工程造价行业的行为模式以及工程造价管理方法。使用 BIM 技术的效果：

①消除 40% 预算外变更。

②造价估算耗费时间缩短 80%。

③通过发现和解决冲突，合同价格降低 10%。

④项目工期缩短 7%，及早实现投资回报。

由此可见，以上每一点都体现出 BIM 对工程造价管理的影响，由于 BIM 技术的应用，建设质量和劳动生产率得到提高，返工和浪费现象减少，建设成本得到节约，建设企业经济效益得到了很大改善，这些都使得 BIM 技术在工程造价管理中的作用日益突显。

二、BIM 与建设项目决策和设计阶段造价控制

（一）BIM 方案比选

1. BIM 方案比选的意义

在建设项目决策阶段，方案设计主要指从建设项目的需求出发，根据建设项目的设计条件，研究分析满足建筑功能和性能的总体方案，提出空间架构设想、创意表达形式及结构方式的初步解决方法等，为项目设计后续若干阶段的工作提供依据及指导性的文件，并对建筑的总体方案进行初步的评价、优化和确定。

在方案设计中，由于建筑功能的实现可能存在不同的途径和方法，工程设计人员在设计时会形成不同的设计方案。为了优选出最佳设计方案，需通过对各设计方案的技术先进程度与经济是否合理的分析进行比选。但在实际执行过程中，由于传统 CAD，即计算机辅助设计大多为二维设计成果，缺乏快速、准确、优化和直观检验的有效手段，设计阶段透明度很低，难以进行工程造价的有效控制。BIM 的模型中不仅包含建筑空间和建筑构件的几何信息，还包括构件的材料属性，因此可以将这些信息传输到专业化的工程计量软件中，由工程计量软件自动产生符合相应规则的构件，这一过程既可以提高效率，避免在工程计量软件中进行二次重复建模，又可以及时反映与设计深度、设计质量对应的工程造价水平，为限额设计和价值工程在方案比选上的应用提供了必要的设计方案模型及技术基础。

2. BIM 方案比选的方式

设计方案比选方法主要有多指标法、单指标法以及多因素评分法。但无论采用哪一种，都需要有相应的基础数据，而 BIM 方案模型数据库可以自动为方案比选提取基础信息数据，满足方案比选的数据需求。

BIM 设计方案在比选时，是以功能区间和建筑组件为基础。对于方案设计和初步设计阶段的方案比选，应当分别以功能空间和建筑组件为研究对象，寻求实现功能的最低成本。在方案设计阶段，工程信息往往依附在功能空间上，除此之外，没有更多具体信息。因此，空间是方案比选的基础。假设在空间满足功能要求的前提下，方案比选的具体对象则是空间上的成本分析。在 BIM 的方案比选中，首先，将空间划分为具有不同功能的区域，再通过 BIM 成本数据库对不同方案的功能区域成本进行对比，从而选出最低成本的方案。具体到 Revit 软件，则是通过区域命令和统计功能，实现区域划分和成本分析的。区域命令可将建筑物划分成以不同颜色区分的功能区域，再利用 Revit 的成本数据和统计功能，将各个功能区域如面积、成本等的属性值输出，供方案间的成本比较，初步设计阶段方案。比选

的对象则为建筑组件上的成本对比,BIM的模型构造模式(指按照组件构造建筑物)与初步设计阶段方案比选,以功能空间为对象,在口径上是一致的。在Revit软件中,建筑物组件被定义为族,通过族定义,可以设置每个族的尺寸、价格、供应商等数据和信息。进行方案比选时,可以先选取需要研究的族(组件),分析其功能和成本,然后在设计方案BIM模型控制面板中进行族的调换,并通过面板间的实时切换对替换族与原族进行成本对比,以选定成本最低的方案。当族发生变化时,可以使用族编辑器随时修改该族所代表的建筑组件的参数信息,以保证成本数据的有效性和准确性。例如,内外墙含有结构、抹灰、装饰等构造层,利用拆分命令可以将墙的各构造层分开并独立统计各自工程量。方案比选时,可以单独对墙的某一个或几个构造层进行替换并进行成本分析对比。

(二)概预算形成

1. 设计概算的形成

方案选定后,进入设计阶段,设计阶段是对方案不断完善的过程,对工程的工期、质量及造价都有决定性的作用。设计概算是设计单位在经过初步设计后进行的,在投资估算的控制下,确定项目全部建设费用的过程。初步设计阶段是论证拟建工程项目的经济合理性以及在技术上可行性的,最终形成的结果也是施工图设计的基础。在初步设计阶段不仅要考虑建筑的设计,还应同时考虑结构设计及机电设计,并最终将所有设计进行整合。

建设和设计单位可以运用BIM技术对建筑信息模型进行修改,进而实现对设计方案的调整与优化。该模型不仅可以直接提供造价数据,方便建设单位进行方案比较和设计单位进行设计优化,而且还可以利用BIM技术相关软件对设计成果进行碰撞检查,及时发现设计中存在的问题,便于施工前进行纠正,以减少施工过程中的变更,为后续施工图预算打下良好的基础。

2. 施工图预算的形成

施工图预算发生在施工图设计阶段,用以确定单项工程或者单位工程的计划价格,并要求预算不能超过设计概算。在施工图预算过程中,工程计算是一项基础工作,也是预算编制中最重要的环节。与设计概算类似,在BIM技术的支持下,施工图预算也可以利用BIM模型形成,具体途径有以下三种:

①利用应用程序接口,API在BIM软件和成本预算软件中建立连接。这里的应用程序接口是BIM软件系统和造价软件系统不同组成部分衔接的约定。这种方法通过成本预算系统与BIM系统之间直接的API接口,将所需要获取的工程单信息从BIM软件中导入到造价软件,然后造价管理人员结合其他信息开始造价计算。

Innovaya 公司等厂商推出的软件就是采用这一类方法进行计算。

②利用开放式数据库连接（Open Database Connectivity），即 ODBC，直接访问 BIM 软件数据库。作为一种经过实践验证的方法，ODBC 对于以数据为中心的集成应用非常适用。这种方法通常使用 ODBC 来访问建筑模型中的数据信息，然后根据需要，从 BIM 数据库中提取所需要的预算信息，并根据预算解决方案中的计算方法，对这些数据进行重新组织，得到工程量信息。与上述利用 API 在 BIM 软件和预算软件中建立连接的方式不同的是，采用 ODBC 方式访问 BIM 软件的造价软件需要对所访问的 BIM 数据库的结构有清晰的了解，而采用 API 进行连接的造价软件则不需要了解 BIM 软件本身的数据结构。所以，目前采用 ODBC 方式与 BIM 软件进行集成的成本预算软件都会选择一种比较通用的 BIM 软件（如 Revit）作为集成对象。

③输出到 Excel。大部分 BIM 软件都具有自动算量功能，也可以将计算的工程量按照某种格式导出。造价管理人员常用的就是将 BIM 软件提取的工程量导入到 Excel 表中进行汇总计算。与上面提到的两种方法相比，这种方法更加实用，也便于操作。但是，要采用这样的方式进行造价计算就必须保证 BIM 的建模过程非常标准，对各种构件都要有非常明确的定义，只有这样才能保证工程量计算的准确性。

上述的三种方法没有优劣之分，每种策略都与各造价软件公司所采用的计算软件、工作方法及价格数据库有关。

三、BIM 与建设项目招投标阶段造价控制

（一）基于 BIM 的招投标造价管理流程

1. BIM 技术在招投标中的应用价值

招投标阶段介于设计阶段和施工阶段之间，其目标是通过招投标方式确定一家综合最优的承包单位来完成项目的施工。传统的招投标过程存在诸多问题，首先，招投标中普遍存在"信息孤岛"现象，招标方的需求和目标难以公平有效地传递给投标单位；其次，对于工程量计算，招投标双方都要进行计算，浪费了大量时间，影响了招投标的速度，而且双方对于工程量上的偏差以及后期签证的争议都将增加双方所面临的风险；最后，在现有招投标环境中，投标方在施工组织设计中可以发挥的空间有限，难以有效展示投标人的技术水平。

将 BIM 技术融合到招投标管理过程中，不仅可以对建设项目造价进行有效管理，而且可以解决建筑工程传统投标过程中存在的问题，提高招投标的可靠性，

实现建设工程全过程公开、透明管理。通过整合并利用设计阶段已有的 BIM 造价模型，能够较大幅度地提高工程量清单、招标控制价、投标报价等造价基础性工作的精准性，为价格分析、合同策划以及报价策略等各方的造价管理的核心工作创造了更好的条件。不同于以往仅以二维图等非结构化信息进行存储的方式，基于 BIM 模型的信息交互，较大程度地优化了招标人与投标人之间的信息传递流程，避免信息不对称引起的无效招标，大幅度地提高招投标阶段各方造价管理的工作能效，为项目的有效开展打下良好的基础。

2. BIM 技术在工程招投标造价管理中的流程

①招标人利用 BIM 技术快速准确编制招标控制价。在时间紧迫的招投标阶段，招标人需要对设计 BIM 模型加以利用，快速建立工程量模型，从而在短时间内完成工程量清单及招标控制价的编制。通过 BIM 的自动算量功能，招标人快速计算工程量，编制精度更高的工程量清单，还可借助 BIM 技术通过设计优化、碰撞检验及工程量的校核，提高工程量清单的有效性。工程造价人员有更充裕的时间利用 BIM 信息库获取最新的价格信息，分析单价构成，以保证招标控制价的有效性。招标工作在运用 BIM 后将大幅度提高工程后清单及招标控制价的精准性，从而降低招标人所面临的风险。

②投标人运用 BIM 技术有效进行投标报价。由于投标时间比较紧张，要求投标人高效、灵巧、精确地完成工程量计算，把更多时间运用在投标报价技巧上。而且，随着现代建筑造型趋向于复杂化、艺术化，人工计算工程量的难度越来越大，快速、准确地形成工程量清单成为招投标阶段工作的难点和瓶颈。投标人利用招标人提供的 BIM 模型对清单工程量进行复核，可全面加快编制投标报价的进程，为报价分析预留充足时间。还可利用 BIM 技术实现模拟施工、进度模拟、企业 BIM 数据库及 BIM 云获取市场价格，细致深入地进行投标报价分析及策略选取，达到报价的最大市场竞争力。

③评价投标单位的施工方案。评标人根据 BIM 造价模型合理确定中标候选人，评标人可直接根据 BIM 模型所承载的报价信息，对商务标部分快速进行评审。同时在评标阶段，通过前期建立的 BIM5D 模型，对比投标的整体施工组织思路，通过施工模拟验证潜在中标人的施工组织设计、施工方案的可行性，快速准确地确定中标候选人。

上述基于 BIM 技术的招投标阶段造价管理流程，整合了建设各方的工作流，大幅度提高招投标双方在确定工程造价过程中的效率，招标人最大限度地满足其对项目经济性要求的制定，而投标人尽可能从报价中体现企业竞争力。

（二）基于 BIM 的招标控制价编制

招投标作为工程项目承发包的主要形式，通过市场自由竞价的形式，优选建设项目具体实施主体，是项目成功开展的前提。目前广泛采用的工程量清单计价模式下的招投标，需要招标人提供工程量清单作为投标人的共同的报价基础，其准确性不言而喻，但往往由于招标时间紧迫，因此造成招标文件中各分部分项工程的工程量不够精确，不仅不能准确反映出项目规模，而且较大的工程量偏差往往给投标人不平衡报价带来可乘之机。同样作为招标人还需要编制招标控制价，作为投标人报价的最高限，以防止围标、串标现象的发生。因此，在招标控制环节，借助 BIM 模型丰富信息，准确和全面地编制工程量清单是核心关键。

1. 基于 BIM 的招标控制价编制步骤

①建立或复用设计阶段的 BIM 模型。在招投标阶段，各种专业的 BIM 模型建立是 BIM 应用的重要基础工作。BIM 模型建立的质量和效率直接影响后续应用的成效，模型的建立可选择直接建立 BIM 模型或利用相关软件将二维施工图转成 BIM 模型，也可以复用和导入设计软件提供的 BIM 模型，生成 BIM 算量模型，这是从整个 BIM 流程来看最合理的方式，可以避免重新建模所带来的大量手工劳动及可能产生的错误。

②利用 BIM 模型更加快速、精确地得到数据。BIM 的自动化算量功能可以使工程量计算工作摆脱人为因素影响，得到更加客观的数据。

③生成控制价文件。将 BIM 工程量导入计价软件生成工程量清单，同时结合设计文件对工程量清单各项目特征进行细致的描述，以防项目特征错误引起的不平衡报价现象。在高效、准确地编制工程量清单的基础上，利用 BIM 云端价格数据库，间接调取当期材料信息价，人工费调整信息，以及相关的规费、税金的取费信息，最终输出招标控制价。

2. 基于 BIM 的招标控制价校核与优化

对设计阶段 BIM 模型的直接加工利用为紧凑的招标流程赢取了更多时间，同时提高招标工程量的精确性。在 BIM 的辅助下，招标阶段造价管理人员将着眼于分析工程量清单项的完整性，校核工程量清单是否反映招标范围的全部内容，避免缺项漏项。

在招标控制价编制阶段，建设工程项目通过 BIM 技术的 5D 模型，模拟建设工程项目施工的全过程。通过 BIM 技术论证项目工期可行性，进而分析建设项目的施工方案，最终预测合理的建设成本与招标控制价。

BIM 高度的信息集成技术，将大幅度改良原有工程造价基础性工作的效率。

招标人的工程造价管理将着力于招标文件中对付款方式、风险分摊、变更索赔形式等有关内容的编制，使招标文件及合同更具完备性，为后期工程造价管理打下良好的基础。

（三）基于 BIM 的投标报价编制

作为投标人，同样需要在短时间内根据招标人提供的招标文件，既要复核图纸对应的工程量清单的准确性，又要结合自身施工水平以及市场形势制订有利的报价策略。实际工作中往往只能对部分工程子项进行复核，常因为工程量不准确等问题导致项目亏损。同时，目前大部分投标人都是依靠国家或行业相关定额作为编制控制价的依据，然而定额水平有一定时效性，不能完全反应市场的动态性。并且由于建设项目相关的价格信息繁多，能否准确地获取市场价格信息也严重影响投标报价准确性。

1．基于 BIM 技术的投标报价编制步骤

（1）快速复核工程量

招标人在提供招标文件时，可以将承载工程量清单信息的 BIM 模型同时交给投标人，由于 BIM 模型已赋予各构件工程信息以及项目编码，投标人可直接结合 BIM 模型与二维图及招标文件约定的招标范围等信息，快速核查工程量清单中工程量的准确性，全面加快编制投标报价的进程，为投标报价及策略分析预留充足时间。

（2）进行快速报价

投标人将基于企业 BIM 数据库中人工、材料、机械台班消耗量数据，配合 BIM 云端数据平台中市场价格信息，综合该项目的其他情况，快速进行价格匹配，提高报价的效率。

（3）快速精确地选择投标策略和投标方案

投标人运用 BIM 技术对项目进行施工模拟及资源优化，细致深入地进行投标报价分析及策略选取，提升投标方案的可行性和投标报价的精确性，提高中标的概率。

2．基于 BIM 技术的投标报价分析及策略选取

（1）碰撞检查，降低成本

利用 BIM 的三维技术在施工前期进行碰撞检查，减少在建筑施工阶段可能存在的错误、损失和返工的可能性，为业主降低建造成本。将碰撞检查结果报告、综合管线优化排布等方案呈现在投标文件中，无形中可增加了技术标的分数。

（2）通过 BIM 技术论证施工方案可行性

利用 BIM 技术对施工组织设计方案以及施工工艺的环节进行模拟分析，选择合适的方案。这有助于投标单位在投标阶段合理制订施工方案，准确预测工程造价，并能给出相应投标工程有竞争性的投标报价等信息，使建设单位能更清晰地了解所见工程资源与资金的使用情况，帮助投标单位提升投标竞争性优势。

第二章 工程造价管理

第一节 工程建设项目概述

一、工程、项目与工程建设项目的概念

（一）工程的概念

工程是科学和数学的某种应用，通过这一应用，自然界的物质和能源的特性能够通过各种结构、机器、产品、系统和过程，以最短的时间和最少的人力、物力制造出高效、可靠且对人类有用的东西。工程是将自然科学的理论应用到具体工、农业生产部门中形成的各学科的总称。

（二）项目的概念

项目是指一系列独特的、复杂的并相互关联的活动，这些活动有着一个明确的目标，必须在特定的时间、预算、资源限定内，依据规范完成。项目参数包括项目范围、质量、成本、时间、资源。项目的定义是：项目是为创造独特的产品、服务或成果而进行的临时性工作。

（三）工程建设项目的概念

通常将工程建设项目简称为建设项目，它是指按照一个总体设计进行施工的，可以形成生产能力或使用价值的一个或几个单项工程的总体，一般在行政上实行统一管理，经济上实行统一核算。凡属于总体设计中分期分批进行建设的主体工程和附属配套工程、供水供电工程等都作为一个建设项目。按照一个总体设计和总投资文件在一个场地或者几个场地上进行建设的工程，也属于一个建设项目。工业建设中，一般以一个工厂为一个建设项目；民用建设中以一个事业单位，如一所学校、一所医院等为一个建设项目。

二、工程建设项目分类

（一）建设工程的分类

建设工程（Construction Engineering）属于固定资产投资对象，是指为人类生活、生产提供物质技术基础的各类建（构）筑物和工程设施。固定资产的建设活动一般通过具体的建设工程实施。

建设工程可以按照自然属性、用途、使用功能等不同方法进行分类，其结果和表现形式不尽相同。

1. 按自然属性进行分类

建设工程按自然属性可分为建筑工程、土木工程和机电工程三大类。从本质上看，建筑工程属于土木工程范畴，考虑到建筑工程量大、面广，根据国际惯例和满足建设工程监督管理的需要，该标准将建筑工程与土木工程并列。

①建筑工程（Building Engineering）是指房屋建筑和市政基础设施工程及其附属设施和与其配套的线路、管道、设备安装工程。

②土木工程（Civil Engineering）是建造各类土地工程设施的科学技术的统称。它既指所应用的材料、设备和所进行的勘测、设计、施工、保养、维修等技术活动，也指工程建设的对象，即建造在地上或地下、陆上，直接或间接为人类生活、生产、军事、科研服务的各种工程设施，例如房屋、道路、铁路、管道、隧道、桥梁、运河、堤坝、港口、电站、飞机场、海洋平台、给水排水以及防护工程等。土木工程是指除房屋建筑以外，为新建、改建或扩建各类工程的建筑物、构筑物和相关配套设施等所进行的勘察、规划、设计、施工、安装和维护等各项技术工作及其完成的工程实体。

③机电工程（Mechanical and Electrical Engineering）是指按照一定的工艺和方法，将不同规格、型号、性能、材质的设备及管路和线路等有机组合起来，满足使用功能要求的初级工程。

2. 按用途进行分类

建设工程按照用途不同，可以分为环保工程、节能工程、消防工程、抗震工程等。

3. 按使用功能进行分类

为了满足现行管理体制的需要，建设工程按使用功能可分为房屋建筑工程、铁路工程、公路工程、水利工程、市政工程、煤炭矿山工程、水运工程、海洋工程、民航工程、商业与物资工程、农业工程、林业工程、粮食工程、石油天然气工程、海洋石油工程、火电工程、水电工程、核工业工程、建材工程、冶金工程、有色金属工程、石化工程、化工工程、医药工程、机械工程、航天与航空工程、兵器与船舶工程、轻工工程、纺织工程、电子与通信工程和广播电影电视工程等。

（二）建筑工程的分类

在建设工程中，建筑工程是量大、面广的一类工程。

1．一般规定

①建筑工程按照使用性质可分为民用建筑工程、工业建筑工程、构筑物工程及其他建筑工程等。

②建筑工程按照组成结构可分为地基与基础工程、主体结构工程、建筑屋面工程、建筑装饰装修工程和室外建筑工程。

③建筑工程按照空间位置可分为地下工程、地上工程、水下工程、水上工程等。

2．民用建筑工程的分类

①民用建筑工程按用途可分为居住建筑、办公建筑、旅馆酒店建筑、商业建筑、居民服务建筑、文化建筑、教育建筑、体育建筑、卫生建筑、科研建筑、交通建筑、广播电影电视建筑等。

②居住建筑按使用功能不同可分为别墅、公寓、普通住宅、集体宿舍等，按照地上层数和高度分为低层建筑、多层建筑、中高层建筑、高层建筑和超高层建筑。

③办公建筑按地上层数和高度可分为单层建筑、多层建筑、高层建筑、超高层建筑。

④旅馆酒店建筑可分为旅游饭店、普通旅馆、招待所等。

⑤商业建筑按照用途可分为百货商场、综合商厦、购物中心、会展中心、超市、菜市场、专业商店等，按其建筑面积可分为大型商业建筑、中型商业建筑和小型商业建筑。

⑥居民服务建筑可分为餐饮用房屋、银行营业和证券营业用房屋、电信及计算机服务用房屋、邮政用房屋、居住小区的会所，以及洗染店、洗浴室、理发美容店、家电维修等生活服务用房屋。

⑦文化建筑可分为文艺演出用房、艺术展览用房、图书馆、纪念馆、档案馆、博物馆、文化宫、游乐场馆、电影院（含影城）、宗教寺院，以及舞厅、歌厅、游艺厅等用房。文化建筑按其建筑面积可分为大型文化建筑、中型文化建筑和小型文化建筑。

⑧教育建筑可分为各类学校的教学楼、图书馆、实验室、体育馆、展览馆等教育用房。

⑨体育建筑可分为体育馆、体育场、游泳馆、跳水馆等。体育场按照规模可

分为特大型体育场、大型体育场、中型体育场、小型体育场。

⑩卫生建筑可分为各类医疗机构的病房、医技楼、门诊部、保健站、卫生所、化验室、药房、病案室等房屋。

⑪交通建筑可分为机场航站楼，机场指挥塔，交通枢纽，停车楼，高速公路服务区用房，汽车、铁路和城市轨道交通车站的站房，港口码头建筑等工程。

⑫广播电影电视建筑可分为广播电台、电视台、发射台（站）、地球站、监测台（站）、广播电视节目监管建筑、有线电视网络中心、综合发射塔（含机房、塔座、塔楼等）等工程。

3. 工业建筑工程的分类

①工业建筑工程可分为厂房（机房、车间）、仓库、附属设施等。

②仓库按用途可分为各行业企事业单位的成品库、原材料库、物资储备库、冷藏库等。

③厂房（机房）包括各行业工矿企业用于生产的工业厂房和机房等，按照高度和层数可分为单层厂房、多层厂房和高层厂房；按照跨度可分为大型厂房、中型厂房、小型厂房。

4. 构筑物工程的分类

①构筑物工程可分为工业构筑物、民用构筑物和水工构筑物等。

②工业构筑物工程可分为冷却塔、观测塔、烟囱、烟道、井架、井塔、筒仓、栈桥、架空索道、装卸平台、槽仓、地道等。

③民用构筑物可分为电视塔（信号发射塔）、纪念塔（碑）、广告牌（塔）等。

④水工构筑物可分为沟、池、沉井、水塔等。

（三）建设工程项目的分类

在工程建设过程中，建设工程的立项报建、可行性研究、工程勘察与设计、工程招标与投标、建筑施工、竣工验收、工程咨询等通常以建设工程项目作为对象进行管理。

建设工程项目可以按以下不同标准进行分类。

1. 按建设性质分类

建设工程项目按建设性质可分为基本建设项目和更新改造项目。

（1）基本建设项目

基本建设项目，简称建设项目，是以投资建设用于扩大生产能力或增加工程效益为主要目的的工程，包括新建项目、扩建项目、迁建项目、恢复项目。

①新建项目是指从无到有的新建设的项目。按现行规定，对原有建设项目重

新进行总体设计，经扩大建设规模，其新增固定资产价值超过原有固定资产价值三倍以上的，也属新建项目。

②扩建项目是指现有企事业单位，为扩大生产能力或新增效益而增建的主要生产车间或其他工程项目。

③迁建项目是指现有企事业单位出于各种原因而搬迁到其他地点的建设项目。

④恢复项目是指现有企事业单位原有固定资产因遭受自然灾害或人为灾害等原因造成全部或部分报废，而后又重新建设的项目。

（2）更新改造项目

更新改造项目是指原有企事业单位为提高生产效益、改进产品质量等，对原有设备、工艺流程进行技术改造或固定资产更新，以及相应配套的辅助生产、生活福利等工程的有关工作。

2．按项目规模分类

根据国家有关规定，基本建设项目可划分为大型建设项目、中型建设项目和小型建设项目；更新改造项目可划分为限额以上（能源、交通、原材料工业项目总投资 5000 万元以上，其他项目总投资 3000 万元以上）项目和限额以下项目两类——不同等级标准的建设工程项目，国家规定的审批机关和报建程序也不尽相同。

（四）建设项目的分类

建设项目（Construction Project），首先是一个投资项目，是指经过决策和实施的一系列程序，在一定的约束条件下，以形成固定资产为明确目标的一次性的活动，是按一个总体规划或设计范围内进行建设的，实行统一施工、统一管理、统一核算的工程，往往是由一个或数个单项工程所构成的总和，也称为基本建设项目。例如工业建设中的一个工厂、一座矿山，民用建设中的一所学校、一所医院、一个居民区等均为一个建设项目。

建设项目应满足下列要求：

①技术：满足在一个总体规划、总体设计或初步设计范围内。

②构成：由一个或几个相互关联的单项工程组成。

③单项工程构成：每一个单项工程可由一个或几个单位工程组成。

④核算与管理：在建设过程中，经济上实行统一核算，行政上实行统一管理。

凡属于一个总体设计中分期分批建设的主体工程和附属配套工程、供水供电工程等都作为一个建设项目。按照一个总体设计和总投资文件，在一个场地或者几个场地上建设的工程，也属于一个建设项目。

建设项目可以按以下不同标准进行分类：

1. 按用途分类

建设项目按在国民经济各部门中的作用，可分为生产性建设项目和非生产性建设项目。

①生产性建设项目是指直接用于物质生产或满足物质生产需要的建设项目。它包括工业、农业、林业、水利、交通、商业、地质勘探等建设工程项目。

②非生产性建设项目是指用于满足人们物质文化需要的建设项目。它包括办公楼、住宅、公共建筑和其他建设工程项目。

2. 按行业性质和特点分类

建设项目按行业性质和特点可分为竞争性项目、基础性项目和公益性项目。

①竞争性项目。这类项目主要是指投资效益比较高、竞争性比较强的一般性建设项目。这类项目应以企业为基本投资对象，由企业自主决策、自担投资风险。

②基础性项目。这类项目主要是指具有自然垄断性、建设周期长、投资额大而收益低的基础设施和需要政府重点扶持的一部分基础工业项目，以及直接增强国力的符合经济规模的支柱产业项目。这类项目主要由政府集中必要的财力、物力，通过经济实体进行投资。

③公益性项目。这类项目主要包括科技、文教、卫生、体育和环保等设施，公、检、法等机关及政府机关、社会团体办公设施等。公益性项目的投资主要由政府财政资金来安排。

三、建设工程的组成和分解

（一）建设工程的组成

建设工程是一个复杂的系统工程，为了满足工程管理和工程成本经济核算的需要，合理确定和有效控制工程造价，可把整体、复杂的系统工程分解成小的、易于管理的组成部分，即将建设工程按照组成结构依次划分为单项工程、单位工程、分部工程和分项工程等层次。一个建设工程可能包括许多单项工程、单位工程、分部工程、分项工程和子项工程。

①单项工程（Individual Project）是指具有独立设计文件，能够独立发挥生产能力、使用效益的工程，是建设项目的组成部分，由多个单位工程构成。单项工程是一个独立的系统，如一个工厂的车间、实验楼，一所学校中的教学楼、图书馆等。

②单位工程（Unit Project）是指具备独立施工条件并能形成独立使用功能的建筑物及构筑物，是单项工程的组成部分，可分为多个分部工程。对于建筑规模

较大的单位工程,可将其能形成独立使用功能的部分再分为几个子单位工程。例如,生产车间这个单项工程是由厂房建筑工程和机械设备安装工程等单位工程组成的。厂房建筑工程还可以细分为一般土建工程、水暖卫工程、电器照明工程和工业管道工程等子单位工程。

单位工程一般是进行工程成本核算的对象。

③分部工程(Part Project)是指按工程的部位、结构形式的不同等划分的工程,是单位工程的组成部分,可分为多个分项工程。例如,建筑工程中包括土(石)方工程、桩与地基基础工程、砌筑工程、混凝土及钢筋混凝土工程、厂库房大门工程、特种门木结构工程、金属结构工程、屋面及防水工程等多个分部工程。

④分项工程(Item Project)是指根据工种、构件类别、设备类别、使用材料不同划分的工程,是分部工程的组成部分。例如,混凝土及钢筋混凝土分部工程中的条形基础、独立基础、满堂基础、设备基础等都属于分项工程。

⑤子项工程是分项工程的组成部分,是工程中最小的单元体。例如,砖墙分项工程可以分为 240mm 厚砖外墙、365mm 厚砖外墙等。子项工程是计算人工、材料、机械及资金消耗的最基本的构造要素。单位估价表中的单价大多是以子项工程为对象计算的。

建设工程可以有多种不同的分解方法,不同的标准对于建设工程的组成与分解有所差异,使用时要根据具体情况和要求加以区别。例如,将建设工程按自然属性进行分解和组合。建设工程按自然属性分为建筑工程、土木工程和机电工程三大类。每一大类工程按照组成结构依次划分为工程类别、单项工程、单位工程和分部工程等层次,基本单元为分部工程。

(二)建筑工程的分解

建筑工程按照组成结构进行分解与组合可以有多种划分方法,考虑其施工过程和施工任务分配的方便性,按照《施工验收标准》的规定,建筑工程包括地基与基础工程、主体结构工程、建筑屋面工程、建筑装饰装修工程、建筑给排水及采暖工程、建筑电气工程、智能建筑工程、通风与空调工程、电梯工程共九个单位工程。室外工程包括室外建筑环境工程和室外安装工程两个单位工程。

为了确保单项工程或者单位工程按照自然属性规则分解或者复原,建筑工程包含地基与基础工程、主体结构工程、建筑屋面工程、建筑装饰装修工程、室外建筑工程。即将室外建筑环境工程简称为室外建筑工程,与建筑工程中的地基与基础工程、主体结构工程、建筑屋面工程、建筑装饰装修工程并列;将建筑工程中的建筑给排水及采暖工程、建筑电气工程、智能建筑工程、通风与空调工程、电梯工程及室外安装工程都划入机电工程。这样，土木工程不再包含建筑工程和机电工程，机电工程不再包含土木工程和建筑工程。

四、工程建设项目的程序

建设程序是指建设项目从设想、选择、评估、决策、设计、施工到竣工验收及投入使用或生产的整个过程中，各环节及各项主要工作必须遵循的先后次序法则。这个法则是人们在认识客观规律的基础上，按照建设项目发展的内在联系和发展过程制定的，在实际的操作过程中某些环节可以适当地交叉，但不能够随意颠倒。其核心思想是：先勘察、再设计、后施工。

①项目建议书阶段。项目建议书是建设单位向国家提出的要求建设某一具体项目的建议文件，即对拟建项目的必要性、可行性以及建设的目的、计划等进行论证并写成报告的形式。项目建议书一经批准即被立项，立项后可进行可行性研究。

②可行性研究阶段。可行性研究是对建设项目在技术上是否可行和经济上是否合理进行科学的分析和论证。它通过市场研究、技术研究、经济研究，进行多方案比较，提出最佳方案。可行性研究通过评审后，就可着手编写可行性研究报告。可行性研究报告是确定建设项目、编制设计文件的重要依据，必须有相当的深度和准确性，在建设程序中起主导地位。可行性研究报告一经批准即形成决策，是初步设计的依据，不得随意修改和变更。

③建设地点选择阶段。建设地点的选择，由主管部门组织、勘察、设计等单位和所在地有关部门共同进行。在综合研究工程地质、水文地质等自然条件，建设工程所需的水、电、运输条件和项目建成投产后原材料、燃料以及生产和工作人员的生活条件、生产环境等因素，以及进行多方案比选后，提交选址报告。

④设计工作阶段。可行性研究报告和选址报告经批准后，建设单位或其主管部门可以委托或通过设计招标方式选择设计单位，由设计单位按可行性研究报告、设计任务书、设计合同中的有关要求进行设计。民用建筑工程一般分为方案设计（含投资估算）、初步设计（含设计概算）和施工图设计（含施工图预算）三个阶段。方案设计文件用于办理工程建设的有关手续，初步设计文件用于审批（包括政府主管部门和/或建设单位对初步设计文件的审批），施工图设计文件用于施工。对于技术要求相对简单的民用建筑工程，当有关主管部门同意，且合同中没有做初步设计约定时，可在方案设计审批后直接进入施工图设计。大、中型建材工厂工程建设项目可分为初步设计和施工图设计两阶段设计。技术简单、方案明确的小型规模项目，可直接采用施工图设计。重大项目或技术复杂的项目，可根据需

要增加技术设计或扩大初步设计阶段。

⑤建设准备阶段。项目在开工建设之前，要切实做好各项准备工作。该阶段进行的工作主要包括编制建设计划和年度建设计划；征地、拆迁；进行"三通一平"；组织材料、设备采购；组织工程招投标，择优选择施工单位、监理单位，签订各类合同；报批开工报告或办理建设项目施工许可证等。

⑥建设实施阶段。建设项目经批准开工建设，项目即进入建设实施阶段。项目新开工时间，是指建设项目设计文件中规定的任何一项永久性工程第一次正式破土开槽、开始施工的日期；不需要开槽的工程，以建筑物组成的正式打桩作为正式开工。分期建设的项目分别按各期工程开工的时间填报。

⑦竣工验收阶段。建设项目按设计文件规定内容全部施工完成后，由建设项目主管部门或建设单位向负责验收单位提出竣工验收申请报告，组织验收。竣工验收是全面考核基本建设工作，检查是否符合设计要求和工程质量的重要环节，对清点建设成果、促进建设项目及时投产、发挥投资效益及总结建设经验教训，都有重要作用。

⑧项目后评估阶段。建设项目后评估是工程项目竣工投产并生产经营一段时间后，对项目的决策、设计、施工、投产及生产运营等过程进行系统评估的一种技术经济活动。通过建设项目后评估，可达到总结经验、研究问题、吸取教训并提出建议、不断提高项目决策水平和投资效果的目的。

第二节　工程造价概述

一、建设项目总投资
（一）投资的含义
投资是指将资金或其他有价物质放入某个经济领域，期望获得收益或增值的行为。投资是现代经济生活中最重要的内容之一，无论是政府、企业、金融组织或个人，作为经济主体，都在不同程度上以不同的方式直接或间接地参与投资活动。

投资是指投资主体为了特定的目的，以达到预期收益的价值垫付行为。广义的投资是指投资主体为了特定的目的，将资源投放到某项目以达到预期效果的一系列经济行为。其资源可以是资金，也可以是人力、技术等，既可以是有形资产的投放，也可以是无形资产的投放。狭义的投资是指投资主体在经济活动中为实现某种预定的生产、经营目标而预先垫付资金的经济行为。

（二）建设工程项目总投资与固定资产投资

建设项目总投资是指投资主体为获取预期收益，在选定的建设项目上需要投入的全部资金。生产性建设项目总投资包括固定资产投资和流动资产投资两部分；非生产性建设项目总投资只包括固定资产投资，不含流动资产投资。工程造价是指项目总投资中的固定资产投资总额。

固定资产是指在社会再生产过程中可供长时间反复使用，单位价值在规定限额以上，并在其使用过程中不改变其实物形态的物质资料，如建筑物、机械设备等。在我国的会计实务中，固定资产的具体划分标准为：企业使用年限超过一年的建筑物、构筑物、机械设备、运输工具和其他与生产经营有关的工具、器具等资产均应视作固定资产；凡是不符合上述条件的劳动资料一般被称为低值易耗品，属于流动资产。

固定资产投资是指投资主体为了特定的目的，用于建设和形成固定资产的投资。按照我国现行规定，固定资产投资可划分为基本建设投资、更新改造投资、房地产开发投资和其他固定资产投资。其中基本建设投资主要用于新建、改建、扩建和重建项目的资金投入，是形成新增固定资产、扩大生产能力和工程效益的主要手段。更新改造投资是在保证固定资产简单再生产的基础上，通过以先进技术改造原有技术以实现固定资产扩大化再生产的资金投入，是固定资产再生的主要方式之一。房地产开发投资是房地产企业开发厂房、写字楼、仓库和住宅等房屋设施和开发土地的资金投入。其他固定资产投资是按规定不纳入投资计划和用专项资金进行基本建设和更新改造的资金投入，它在固定资产投资中占的比例较小。

二、工程造价的含义与分类
（一）工程造价的含义

工程造价通常是指工程建设预计或实际支出的费用。由于所处的角度不同，工程造价有不同的含义。

工程造价的第一种含义：从投资者（业主）的角度定义，工程造价是指建设一项工程预期开支或实际开支的全部固定资产投资费用。这里的"工程造价"强调的是"费用"的概念。投资者为了获得投资项目的预期效益，就需要对项目进行策划、决策及建设实施，直至竣工验收等一系列投资管理活动。在上述活动中所花费的全部费用，就构成了工程造价。从这个意义上讲，工程造价就是建设工程项目固定资产总投资。

工程造价的第二种含义：从市场交易的角度来分析，工程造价是指工程价格，即为建成一项工程，预计或实际在工程承包和发包交易活动中形成的建筑安装工程价格或建设工程总价格。这里的"工程造价"强调的是"价格"的概念。显然，第二种含义是以建设工程这种特定的商品作为交易对象，通过招标、投标或其他交易方式，在多次预估的基础上，最终由市场形成的价格。这里的工程既可以是涵盖范围很大的一个建设项目，也可以是一个单项工程或者单位工程，甚至可以是整个建设工程中的某个阶段，如建筑安装工程、装饰装修工程，或者其中的某个组织部分。随着经济发展、技术进步、分工细化和市场的不断完善，工程建设中的中间产品也会越来越多，商品交换会更加频繁，工程价格的种类和形式也会更为丰富。

工程承发包价格是工程造价中一种重要的、较为典型的价格交易形式，是在建筑市场通过招标、投标，由需求主体（投资者）和供给主体（承包商）共同认可的价格。

工程造价的两种含义是对客观存在的概括。它们既相互统一，又相互区别，最主要的区别在于需求主体和供给主体在市场追求的经济利益不同。

区别工程造价的两种含义的理论意义在于，为投资者及以承包商为代表的供应商在工程建设领域的市场行为提供理论依据。当政府提出要降低工程造价时，是站在投资者的角度，充当着市场需求主体的角色；当承包商提出要提高工程造价、获得更多利润时，是要实现一个市场供给主体的管理目标。这是市场运行机制的必然，由不同的利益主体产生不同的目标，不能混为一谈。区别工程造价的两种含义的现实意义在于，为实现不同的管理目标，不断充实工程造价的管理内容，完善管理方法，更好地为实现各自的目标服务，从而有利于推动全面的经济增长。

（二）工程造价的分类及形成

工程造价除具有一般商品价格的共同特点外，还具有自己的计价特征：单价性计价、多次性计价、计价方法的多样性和计价依据的复杂性。建设产品的生产周期长、规模大、造价高，需要按建设程序分阶段分别计算造价，并对其进行监督和控制，以防工程超支。例如，工程的设计概算和施工图预算，都是确定拟建工程预期造价的，而在建设项目竣工以后，为反映项目的实际造价和投资效果，还必须编制竣工决算。

建设项目的多次性计价特点决定了工程造价不是固定的、唯一的，而是随着工程的进行，逐步深化、逐步细化、逐步接近实际造价的。

1. 投资估算

投资估算是进行建设项目技术经济评价和投资决策的基础，在项目建议书、可行性研究、方案设计阶段应编制投资估算。投资估算一般是指在工程项目决策过程中，建设单位向国家计划部门申请建设项目立项或国家、建设主体对拟建项目进行决策，确定建设项目在规划、项目建议书等不同阶段的投资总额而编制的造价文件。通常采用投资估算指标、类似工程的造价资料等对投资需要量进行估算。

投资估算是可行性研究报告的重要组成部分，是进行项目决策、筹资、控制造价的主要依据。经批准的投资估算是工程造价的目标限额，是编制该预算的基础。

2. 设计概算

在初步设计阶段，根据初步设计的总体部署，采用概算定额、概算指标等编制项目的总概算。设计概算是初步设计文件的重要组成部分。经批准的设计概算是确定建设项目总造价、编制固定资产投资计划、签订建设项目承包合同和贷款合同的依据，也是控制建设项目贷款和施工图预算以及考核设计经济合理性的依据。

设计概算较投资估算更为准确，但受投资估算的控制。设计概算文件包括建设项目总概算、单项工程综合概算和单位工程概算。

3. 修正概算

在采用三阶段设计的技术设计阶段，根据技术设计的要求编制修正概算文件。它对设计总概算进行修正调整，比概算造价准确，但受概算造价控制。

4. 施工图预算

施工图预算是在施工图设计阶段，根据已批准的施工图，在施工方案（或施工组织设计）已确定的前提下，按照一定的工程量计算规则和预算编制方法编制的工程造价文件，它是施工图设计文件的重要组成部分。经发承包双方共同确认、管理部门审查批准的施工图预算，是签订建筑安装工程承包合同、办理建筑安装工程价款结算的依据。

5. 招标控制价

招标控制价是工程招标发包过程中，由招标人根据国家或省级、行业建设主管部门颁发的有关计价依据和办法，以及拟定的招标文件，结合工程具体情况编制的招标工程的最高投标限价，其作用是招标人用于确定招标工程发包的最高投标限价。

6. 合同价

在工程招投标阶段通过签订建设项目总承包合同、建筑安装工程承包合同、设备材料采购合同，以及技术和咨询服务合同所确定的价格。合同价是发承包双方根据市场行情共同认可的成交价格，但并不等于实际工程造价。对于一些施工周期较短的小型建设项目，合同价往往就是建设项目最终的实际价格。对于施工周期长、建设规模大的工程，由于施工过程中诸如重大设计变更、材料价格变动等情况难以事先预料，所以合同价还不是建设项目的最终实际价格。这类项目的最终实际工程造价，由合同各种费用调整后的差额组成。

按计价方式不同，建设工程合同有不同类型（总价合同、单价合同、成本加酬金合同），不同类型的合同，其合同价的内涵也有所不同。

7. 投标价

投标价是在工程招标发包过程中，由投标人按照招标文件的要求，根据工程特点，并结合自身的施工技术、装备和管理水平，依据有关计价规定自主确定的工程造价，它是投标人希望达成工程承包交易的期望价格。投标价不能高于招标人所设定的招标控制价。

8. 结算价

在合同实施阶段，对于实际发生的工程量增减、设备材料价差等影响工程造价的因素，按合同规定的调整范围及调整方法对合同价进行必要的调整，确定结算价。结算价是某结算工程的实际价格。

结算一般有定期结算、阶段结算和竣工结算等方式。它们是结算工程价款、确定工程收入，考核工程成本，进行计划统计、经济核算及竣工决算等的依据。竣工结算（价）是在承包人完成施工合同约定的全部工程内容，发包人依法组织竣工验收合格后，由发承包双方按照合同约定的工程造价条款，即已签约合同价、合同价款调整（包括工程变更、索赔和现场签证）等事项确定的最终工程造价。

9. 竣工决算

在工程项目竣工交付使用时，由建设单位编制竣工决算。竣工决算反映建设项目的实际造价和建成交付使用的资产情况。它是最终确定的实际工程造价的依据，是建设投资管理的重要环节，是财产交接、考核交付使用财产和登记新增财产价值的依据。

由此可见，工程的计价是一个由浅入深、由粗略到精确、多次计价、最后达到实际造价的过程。各阶段的计价过程之间是相互联系、相互补充、相互制约的关系，前者制约后者，后者补充前者。

（三）工程造价的相关概念

1. 静态投资与动态投资

静态投资是以某一基准年、月的建设要素的价格为依据计算出的建设项目投资的瞬时值。静态投资包括建筑安装工程费、设备及工器具购置费、工程建设其他费用、基本预备费等。

动态投资是指为完成一个工程项目的建设，预计投资需要量的总和。动态投资除包括静态投资外，还包括建设期贷款利息、涨价预备费等。动态投资概念符合市场价格运行机制，使投资的估算、计划、控制更加符合实际。

静态投资和动态投资密切相关。动态投资包含静态投资，静态投资是动态投资最主要的组成部分，也是动态投资的计算基础。

2. 经营性项目铺底流动资金

经营性项目铺底流动资金是指生产经营性项目为保证生产和经营正常进行，按其所需流动资金的 30% 作为铺底流动资金计入建设项目总投资，竣工投产后计入生产的流动资金。

三、工程造价的特点与作用

（一）工程造价的特点

工程造价的特点是由建设项目的特点决定的，并且在实际操作中需要很强的经验积累，需要对整体工程的设备保护、材料审核、合同审核、工程款结算等具体工作负责。

1. 大额性

由于建设项目体积庞大，消耗的资源巨大，因此，一个项目少则几百万元，多则数亿元乃至数百亿元。工程造价的大额性事关有关方面的重大经济利益，也使工程承受了重大的经济风险，同时，也会对宏观经济的运行产生重大的影响。因此，应当高度重视工程造价的大额性特点。

2. 差异性和个别性

任何一项建设项目都有特定的用途、功能、规模，这导致了每一项建设项目的结构、造型、内外装饰等都会有不同的要求，直接表现为工程造价上的差异性。即使是相同的用途、功能、规模的建设项目，由于处在不同的地理位置或在不同的时间建造，其工程造价都会有较大差异。建设项目的这种特殊的商品属性，具有个别性的特点。

3. 动态性

建设项目从决策到竣工验收、直到交付使用，都有一个较长的建设周期，而且，由于来自社会和自然的众多不可控因素的影响，势必会导致工程造价的变动情况的产生。例如，市场物价变化、不利的自然条件、人为因素等均会影响到工程造价的具体落实情况。因此，工程造价在整个建设期内都处在不确定的状态之中，直到竣工结算审定后，才能最终确定工程的实际造价。

4. 层次性

工程造价的层次性取决于建设项目的层次性。一个建设项目往往含有多个能够独立发挥设计效能的单项工程；一个单项工程又是由能够独立组织施工、各自发挥专业效能的单位工程组成的。与此相适应，工程造价可以分为建设项目总造价、单项工程造价和单位工程造价。单位工程造价还可以细分为分部工程造价和分项工程造价。

5. 兼容性

工程造价的兼容性特点是由其内涵的丰富性所决定的。工程造价既可以指建设项目的固定资产投资，也可以指建筑安装工程造价；既可以指招标项目的招标控制价，也可以指投标项目的报价。同时，工程造价的构成因素非常广泛、复杂，包括成本因素、建设用地、支出费用、项目可行性研究和设计费用等。

（二）工程造价的作用

建设工程造价的作用是其职能的外延。工程造价涉及国民经济各部门、各行业，涉及社会再生产中的各个环节，也直接关系到人民群众的生活，所以它的作用范围和影响程度都很大。其作用主要表现在以下几方面：

1. 工程造价是建设项目决策的工具

建设工程投资大、生产和使用周期长等特点决定了建设项目决策的重要性。工程造价决定着建设项目的一次性投资费用。投资者是否有足够的财务能力支付这笔费用，是否认为值得支付这项费用，是项目决策中要考虑的主要问题。财务能力是一个独立的投资主体必须首先解决的。如果建设工程的造价超过投资者的支付能力，就会迫使投资者放弃拟建的项目；如果项目投资的效果达不到预期目标，投资者也会自动放弃拟建的工程。因此，在建设项目决策阶段，建设工程造价就成为项目财务分析和经济评价的重要依据。

2. 工程造价是制订投资计划和控制投资的依据

投资计划是按照建设工期、工程进度和建设工程价格等逐年、分月制订的。正确的投资计划有助于合理和有效地使用资金。

工程造价在控制投资方面的作用是非常明显的。工程造价通过各个建设阶段的预估，最终通过竣工结算确定下来。每一次工程造价的预估就是对其控制的过程，而每一次工程造价的预估又是下一次预估的控制目标，也就是说每一次工程造价的预估不能超过前一次预估的一定幅度，即前者控制后者，这种控制是在投资财务能力的限度内为取得既定的投资效益所必需的流程。建设工程造价对投资的控制也表现在利用制订各种定额、标准和造价要素等，对建设工程造价的计算依据进行控制。

3. 工程造价是筹措建设资金的依据

随着市场经济体制的建立和完善，我国已基本实现从单一的政府投资到多元化投资的转变，这就要求项目的投资者有很强的市场经营能力和筹资能力，以保证工程项目有充足的资金供应。工程造价决定了建设资金的需求量，从而为筹集资金提供了比较准确的依据。当建设资金来源于金融机构的贷款时，工程造价成为金融机构评价建设项目偿还贷款能力和放贷风险的依据，并根据工程造价来决策是否发放贷款以及确定给予投资者的贷款数额。

4. 工程造价是评价投资效果和考察施工企业技术经济水平的重要指标

建设工程造价是一个包含着多层次工程造价的体系。就一个工程项目来说，它既是建设项目的总造价，又包含单项工程的造价和单位工程的造价，同时也包含了单位生产能力的造价，或单位建筑面积造价等。它能够为评价投资效果提供多种评价指标，并能形成新的工程造价指标信息，为今后类似工程项目的投资提供参照指标。所有这些指标形成了工程造价自身的一个指标体系。工程造价水平也反映了施工企业的技术经济水平。如在投标过程中，施工单位的报价水平既反映了其自身的技术经济水平，同时也反映了其在建筑市场上的竞争力。

5. 工程造价是调节利益分配和产业结构的手段

建设工程造价的高低，涉及国民经济中各部门和企业间的利益分配。由于政府或者企业投资额的不确定性，剩余金钱总会被既得利益者吞噬，通过建设工程造价的方式，可以减少这种腐败现象。这种利益的再分配有利于各产业部门按照政府的投资导向加速发展，也有利于按宏观经济的要求调整产业结构。在严重损害建筑企业利益的情形下，会造成建筑业萎缩和建筑企业长期亏损的后果，从而使建筑业的发展长期处于落后状态，与整个国民经济发展不协调。因此，在市场经济中，工程造价无一例外地受供求状况的影响，并在围绕价值的波动中实现对建设规模、产业结构和利益分配的调节。同时，工程造价作为调节市场供需的经济手段，调整着建筑产品的供需数量，这种调整最终有利于优化资源配置，有利于推动技术进步和提高劳动生产率。

四、工程造价计价的特征

工程造价计价就是计算和确定工程项目的造价,简称工程计价,也称工程估价,是指工程造价人员在项目实施的各个阶段,根据各个阶段的不同要求,遵循计价的原则和程序,采用科学的计价方法,对投资项目最可能实现的合理价格做出科学的计算,从而确定投资项目的工程造价,进行工程造价经济文件的编制。

由于工程造价具有大额性、差异性、个别性、动态性、层次性及兼容性等特点,因此决定了工程造价计价具有以下特征:

(一)单件性计价特征

每个建设工程都有其专门的用途,所以其结构、面积、造型和装饰也不尽相同。即便是用途相同的建设工程,其技术水平、建筑等级、建筑标准等也有所差别,这就使建设工程的实物形态千差万别,再加上不同地区构成工程造价的各种要素的差异,最终导致工程造价建设的截然不同。因此,建设工程只能将每项工程按照其特定的程序单独计算其工程造价。

(二)多次性计价特征

建设工程周期长、规模大、造价高,因此,按照基本建设程序必须分阶段进行,相应地也要在不同阶段进行多次计价,以保证工程造价计价的科学性。

(三)计价依据的复杂性特征

由于影响工程造价的因素较多,因此计价依据具有复杂性。计价依据主要可分为以下七类:

①设备和工程量计算依据,包括项目建议书、可行性研究报告、设计文件等。

②人工、材料、机械等实物消耗量计算依据,包括投资估算指标、概算定额、预算定额等。

③工程单价计算依据,包括人工单价、材料价格、材料运杂费、机械台班费等。

④设备单价计算依据,包括设备原价、设备运杂费、进口设备关税等。

⑤措施费、间接费和工程建设其他费用计算依据,主要是指相关的费用定额和指标。

⑥政府规定的税费。

⑦物价指数和工程造价指数。

(四)组合性计价特征

由于建筑产品具有单件性、独特性、固定性、体积庞大等特点,因而,其工程造价的计算要比一般商品复杂得多。为了准确地对建筑产品进行计价,往往需要按照工程的分部组合进行计价。

凡是按照一个总体设计进行建设的各个单项工程汇集的总体称为一个建设项目。反过来，可以把一个建设项目分解为若干个单项工程，一个单项工程可以分解为若干个分部工程，一个分部工程又可以分解为多个分项工程。在计算工程造价时，往往先计算各个分项工程的价格。依次汇总后，就可以汇总成各个分部工程、单位工程和单项工程的价格，最后汇总成建设工程总造价。

（五）计价方法的多样性特征

工程项目的多次计价有其各不相同的计价依据，每次计价的精确度要求也各不相同，由此决定了计价方法的多样性。例如，投资估算的方法有系数估算法、生产能力指数估算法等；设计概算的方法有概算定额法、概算指标法等。不同的方法有不同的适用条件，计价时应根据具体情况加以选择。

五、工程造价控制的原理

（一）动态控制原理

造价控制是项目控制的主要内容之一。造价控制遵循动态控制原理，并贯穿于项目建设的全过程。造价控制的流程应每两周或一个月循环一次，主要内容包括以下几方面：

①分析和论证计划的造价目标值。

②收集发生的实际数据。

③比较造价目标值与实际值。

④制定各类造价控制报告和报表。

⑤分析造价偏差。

⑥采取造价偏差纠正措施。

（二）造价控制的目标

造价控制的目标需按工程建设分阶段设置，且每一阶段的控制目标值是相对而言的，随着工程建设的不断深入，造价控制目标也逐步具体和深化。投资估算应是进行设计方案选择和初步设计的造价控制目标；设计概算应是进行技术设计和施工图设计的造价控制目标；施工图预算、招标控制价、发承包双方的签约合同价应是施工阶段的造价控制目标。有机联系的各个阶段目标相互制约、相互补充，前者控制后者，后者补充前者，共同组成建设项目造价控制的目标系统。

（三）主动控制与被动控制相结合

在进行工程造价控制时，不仅需要经常运用被动的造价控制方法，更需要采取主动的和积极的控制方法，能动地影响建设项目的进展，时常分析造价发生偏离的可能性，采取积极和主动的控制措施，防止或避免造价发生偏差，将可能的损失降到最低。

（四）造价控制的措施

要有效地控制工程造价，应从组织、技术、经济等多个方面采取措施。从组织上采取措施，包括明确项目组织结构，明确造价控制者及其任务，以使造价控制有专人负责，明确管理职能分工；从技术上采取措施，包括重视设计多方案选择，严格审查监督，初步设计、技术设计、施工图设计、施工组织设计、深入技术领域研究节约造价的可能性；从经济上采取措施，包括动态地比较造价的实际值和计划值，严格审核各项费用支出，采取节约造价的奖励措施等。技术措施与经济措施相结合，是控制工程造价最有效的手段。

（五）造价控制的重点

造价控制贯穿于工程建设的全过程。建设项目的不同阶段对造价的影响程度是不同的，影响工程造价最大的阶段是项目决策和设计阶段。因此，工程造价控制的重点在于施工以前的项目决策和设计阶段，而在项目做出投资决策后，控制工程造价的关键就在于设计阶段，特别是初步设计阶段。但这并不是说其他阶段不重要，而是相对而言，设计阶段对工程造价的影响程度远远大于如采购阶段和施工阶段等其他阶段。在项目决策和设计阶段，节约造价的可能性最大。

（六）立足全生命周期的造价控制

建设项目全生命周期费用包括建设期的一次性投资和使用维护阶段的费用，两者之间一般存在此消彼长的关系。工程造价控制不能只着眼于建设期间直接投资，即只考虑一次投资的节约，还需要从全生命周期的角度审视造价控制问题，进行建设项目全生命周期的经济分析，在满足使用功能的前提下，使建设项目在整个生命周期内的总费用最低。

第三节　工程造价管理概述

一、工程造价管理的概念

工程造价管理是指运用科学、技术原理和经济、法律等管理手段，解决工程建设活动中的造价确定与控制、技术与经济、经营与管理等实际问题，力求合理使用人力、物力和财力，达到提高投资效益和经济效益的全方位、符合客观规律的全部业务和组织活动。

工程造价管理是随着社会生产力的发展，商品经济的发展和现代管理科学的发展而产生和发展的。会运用科学、技术原理和方法，在统一目标和各负其责的原则下，为确保建设工程的经济效益和有关各方面的经济权益，而开展对建设工程造价及建设工程价格所进行的全过程、全方位的符合政策和客观规律的全部业务行为和组织活动。

工程造价管理有两种内涵：一是指建设工程投资费用的管理；二是指建设工程价格的管理。

①建设工程投资费用管理是指为了实现投资的预期目标，在拟定的规划、设计方案的条件下，预测、确定和监控工程造价及其变动的系统活动。建设工程投资费用管理属于投资管理范畴，它既涵盖了微观层次的项目投资费用管理，又涵盖了宏观层次的投资费用管理。

②建设工程价格管理属于价格管理范畴。在社会主义市场经济条件下，价格管理分为两个层次，即微观层次和宏观层次。在微观层次上，价格管理是指生产企业在掌握市场价格信息的基础上，为实现管理目标而进行的成本控制、计价、定价和竞价的系统活动。在宏观层次上，价格管理是指政府根据社会经济发展的要求，利用法律、经济和行政的手段对价格进行管理和调控，以及通过市场管理规范市场主体价格行为的系统活动。

国家对工程造价的管理，不仅承担一般商品价格的调控职能，而且在政府投资项目上也承担着微观主体的管理职能。这种双重角色的双重管理职能，是工程造价管理的一大特点。区分不同的管理职能，进而制定不同的管理目标，采用不同的管理方法是一种必然趋势。

二、工程造价管理的主要任务

工程造价管理的目标是按照经济规律的要求，根据市场经济的发展需要，利用科学的管理方法和先进的管理手段，合理地确定工程造价和有效地控制工程造价，以提高投资效益和建筑安装企业的经营效果。因此，必须加强工程造价的全过程动态管理，强化工程造价的约束机制，维护有关各方的经济利益，通过规范价格行为，促进微观效益和宏观效益的统一。

近年来，我国工程造价管理改革完善了政府宏观调控市场形成工程造价的机制，进一步加强了工程造价法律法规建设和工程造价信息化管理，规范了工程造价咨询业的管理等。但目前还存在不适应国家经济体制改革、工程建设和建筑业改革的要求等现象，需从以下八个方面积极推进工程造价管理的改革：

（一）加快工程造价的法律法规及制度建设，强化工程造价监管职责

法律法规是进行工程造价管理的重要依据，现在可行的、符合现行法律原则的工程造价监管制度和措施的有关法律法规还相对滞后。因此，要施行以下三点举措：①积极推动建筑市场管理相关条例和建设工程造价管理相关条例尽快出台，推动实施，指导各地在政府投资工程中落实招标控制价、合同价和结算备案管理以及工程纠纷调解等制度；②尽快出台工程造价咨询企业及造价工程师监管相关实施办法，加大各级管理部门对工程造价咨询活动的监管力度，建立日常性的监督检查制度，进一步提高资质、资格准入审核工作的质量，加大违法违规的清出力度；③加快造价咨询诚信体系建设，出台工程造价咨询企业信用信息档案相关管理办法，建立工程造价咨询诚信信息发布体系，健全违规处罚、失信惩戒和诚信激励的管理机制。

（二）加强工程计价依据体系的建设，发挥其权威性和支撑作用

在完善政府宏观调控下市场形成工程造价机制建设中，工程计价标准、定额、指标信息等工程计价依据的及时发布，是引导和调控工程造价水平的重要手段，也是各级工程造价管理部门的重要职责。各部门应更好地贯彻各专业工程工程量计算规范，改变以往"事后算总账"的概预算方式，积极推进"事前算细账"的工程量清单计价方式。坚持"政府宏观调控、企业自主报价、竞争形成价格、监管行之有效"的工程造价管理模式的改革方向，制定计价依据，使其反映工程实际，适应建筑市场发展的需要。

（三）深入推进标准定额工作

标准定额是支撑建设行业的重要基础，对工程质量安全和经济社会发展起着不可替代的作用。因此，要统筹兼顾城乡建设发展，完善标准定额的框架体系；要面向实际需求，优先编制住房保障、节能减排、城乡规划、村镇建设以及工程质量安全等方面的标准定额，坚持标准定额的先进性和适用性；要注重落实，加强宣传与培训，严格执行强制性标准，建立工程建设全过程标准实施的监管体系，建立专项检查制度；要完善标准规范，建立信息平台，增强标准与市场的关联度，积极提升公共服务水平。

（四）加强工程造价信息化建设进程，提高信息服务的能力和质量

工程造价信息化工作是提高工程造价管理水平的重要手段，是为政府和社会提供工程造价信息公共服务的重要措施。为进一步加强工程造价信息化管理工作，

明确工程造价信息化管理的目标及管理分工，提出了做好信息化管理工作的要求：①要按照该意见做好相关工作；②要根据政府有关部门的要求，及时拓展工程造价指标的信息发布；③要尽快启动和开展本地区建设工程项目综合造价指标的信息收集整理和发布工作，为有关部门核定相关项目投资提供参考标准。

（五）引导工程造价咨询业健康发展，净化咨询市场环境

积极引导工程造价咨询业健康发展，提高企业竞争力，相关行业应做到以下三点：①引导工程造价咨询行业建立合理的工程造价咨询企业规模及结构；加快推进工程造价咨询向建设工程全过程造价咨询服务发展；落实工程造价统计制度，继续做好相关统计报表及其分析工作，研究制定工程造价咨询行业发展战略。②规范管理，加强资质的准入、审核和动态监管，依据有关监管实施办法监管工程造价咨询企业及个人的资质标准和执业行为，进一步加强、规范市场的准入和清出，净化执业环境。③制定发布有关工程造价咨询执业质量标准，提高工程造价咨询企业执业质量，保证工程造价咨询行业的公信度；开展工程造价咨询信用信息的发布，引导企业加强自律，树立行业良好发展氛围，构建行政管理和行业自律管理协调配合的管理体系，引导造价咨询行业健康发展。

（六）加速培养造就一批高素质的造价师队伍

竞争归根结底是人才的竞争，我国除了应在宏观调控、微观经营等方面有切实的准备措施和方案，也应在人才培养方面下功夫。工程造价管理要参与国际市场竞争，就必须拥有大量掌握国际工程造价操作理论与实务，技术综合能力强，有涉外知识，能面向国际市场，适应国际竞争，富于开拓精神，高素质外向型的复合人才。唯有这样的专业人才，才能控制工程造价，降低工程成本，提高经济效益。为此，除常规继续教育、学校培养、国内外交流等形式外，还应积极参与国际性或区域性工程造价组织的活动，有必要时可向国际咨询工程师联合会（即FIDIC 委员会, 法文缩写）、欧盟、世界银行、亚洲开发银行等国际组织要求技术援助，共同合作解决工程造价人才的重大课题。

（七）加强工程造价管理基础理论的研究与创新，建立完整独立的新学科

现在发达国家大多采用的是根据工程项目的特性、同类工程项目的统计数据、建筑市场行情和具体的施工技术水平与劳动生产率，来确定和控制工程项目的造价。在对工程项目造价管理的理论与方法的研究方面，我们应借鉴发达国家按照工程项目造价管理的客观规律和社会需求展开工程造价管理的理论进行研究与创新，并建立完整独立的新学科。

（八）规范招投标制度

建立与国际惯例相适应的公开、公平、公正和诚信的竞争机制的工程招投标是我国建筑业和基本建设管理体制改革的主要内容，建设任务的分配引入竞争机制，使业主有条件择优选择承包商。工程招标使工程造价得到比较合理的控制，从根本上改变了长期以来"先干后算"造成的投资失控的局面。同时，在竞争中推动了施工企业的管理，施工企业为了自身的生存发展和赢得社会信誉，增强了质量意识，提高了合同履约率，缩短了建设周期，较快地发挥了效益。但目前我国招标投标中还存在如低于成本报价而出现"废标"等问题，这就要求我们尽快建立健全与国际惯例相适应的公开、公平、公正和诚信的竞争机制，制定与国际运行规则和机制相吻合的办法，来确保招投标这种做法的优势得以充分发挥，使工程造价管理更快走向科学化、规范化。

三、工程造价管理的目标、任务、对象和特点

（一）建设工程造价管理的目标

建设工程造价管理的目标是按照经济规律的要求，根据社会主义市场经济的发展形势，利用科学的管理方法和先进的管理手段，合理地确定造价和有效地控制造价，以提高投资效益和建筑安装企业的经营效果。

（二）建设工程造价管理的任务

建设工程造价管理的任务是加强工程造价的全过程动态管理，强化工程造价的约束机制，维护有关各方的经济利益，规范价格行为，促进微观效益和宏观效益的统一。

（三）建设工程造价管理的对象

建设工程造价管理的对象分客体和主体。客体是建设工程项目，而主体是业主或投资人（建设单位）、承包商或承建商（设计单位、施工单位、项目管理单位），以及监理、咨询等机构及其工作人员。对各个管理对象而言，具体的工程造价管理工作，其管理的范围、内容以及作用各不相同。

（四）建设工程造价管理的特点

建筑产品作为特殊的商品，具有建设周期长、资源消耗大、参与建设人员多、计价复杂等特征，相应地使得建设工程造价管理具有以下四个特点：

1. 工程造价管理的参与主体多

工程造价管理的参与主体不仅是建设单位项目法人，还包括工程项目建设的投资主管部门、行业协会、设计单位、施工单位、造价咨询机构等。具体来说，

决策主管部门要加强项目的审批管理，项目法人要对建设项目从筹建到竣工验收的全过程负责，设计单位要把好设计质量关和设计变更关，施工企业要加强施工过程管理。因此，工程造价管理具有明显的多主体性。

2．工程造价管理的多阶段性

建设项目从可行性研究阶段开始，依次进行设计、招标投标、工程施工、竣工验收等阶段，每一个阶段都有相应的工程造价文件：投资估算、设计概预算、招标控制价或投标报价、工程结算、竣工决算。而每一个阶段的造价文件都有特定的作用，例如：投资估算价是进行建设项目可行性研究的重要参数；设计概预算是设计文件的重要组成部分；招标控制价或投标报价是进行招投标的重要依据；工程结算是承发包双方控制造价的重要手段；竣工决算是确定新增固定资产价值的依据。因此，工程造价的管理需要分阶段进行，完成好工程项目的建设。

3．工程造价管理的动态性

工程造价管理的动态性体现在两个方面：①工程建设过程中有许多不确定因素，如物价、自然条件、社会因素等，对这些不确定因素必须采用动态的方式进行管理；②工程造价管理的内容和重点在项目建设的各个阶段都是不同的、动态的。例如：在可行性研究阶段，工程造价管理的重点在于提高投资估算的编制精度，以保证决策的正确性；招投标阶段要使招标控制价格和投标报价能够反映市场；施工阶段要在满足质量和进度的前提下降低工程造价以提高投资效益。

4．工程造价管理的系统性

工程造价管理具备系统性的特点，例如，投资估算、设计概预算、招标控制价、投标报价、工程结算与竣工决算组成了一个系统。因此，应该将工程造价管理作为一个系统来研究。用系统工程的原理、观点和方法进行工程造价管理，才能实施有效的管理，实现最大的投资效益。

四、工程造价管理的主要内容

工程造价管理由两个各有侧重、互相联系、相互重叠的工作过程构成，即工程造价的规划过程（等同于投资规划、成本规划）与工程造价的控制过程（等同于投资控制、成本控制）。在建设项目的前期，以工程造价的规划为主；在项目的实施阶段，工程造价的控制占主导地位。工程造价管理是保障建设项目施工质量与效益、维护各方利益的方式。

（一）工程估价

所谓工程估价，就是在工程建设的各个阶段，采用科学的计算方法，依据现行的计价依据及批准的设计方案或设计图等文件资料，合理确定建设工程的投资估算、设计概算、施工图预算。

（二）造价规划

造价规划是指在得到工程估价值之后，根据工作分解结构原理将工程造价细分，可以按照时间进行分解、按照组成内容进行分解、按照子项目进行分解，将造价落实到每一个子项目上，甚至每个责任人身上，从而形成造价控制目标的过程，这也是造价管理人员降低工程成本的过程。

（三）造价控制

建设项目造价控制是指在工程建设的各个阶段，采取一定的科学有效的方法和措施，把工程造价的发生控制在合理的范围和预先核定的造价限额以内，随时纠正发生的偏差，以保证工程造价管理目标的实现，以求在建设工程中能合理使用人力、物力、财力，取得较好的投资效益和社会效益。

建设项目管理的哲学思想如下：计划是相对的，变化是绝对的；静止是相对的，变化是绝对的。但这并非否定规划和计划的必要性，而是强调了变化的绝对性和目标控制的重要性。工程造价控制成功与否，很大程度上取决于造价规划的科学性和目标控制的有效性。

工程造价规划与控制之间存在着互相依存、互相制约的辩证关系，两者之间构成循环往复的过程。首先，造价规划是造价控制的目标和基础；其次，造价的控制手段和方法影响了造价规划的全过程，造价的确定过程也就是造价的控制过程；再次，造价的控制方法和措施构成了造价规划的重要内容，造价规划得以实现必须依赖造价控制；最后，造价规划与造价控制的最终目的是一致的，即合理使用建设资金，提高投资效益。

五、工程造价管理的组织

工程造价管理的组织，是指为了实现工程造价管理目标而进行的有效组织活动，以及与造价管理功能相关的有机群体。从宏观管理的角度来看，有政府行政管理系统、行业协会管理系统；从微观管理的角度来看，有项目参与各方的管理系统。

（一）政府行政管理系统

政府对工程造价管理有一个严密的组织系统，设置了多层管理机构，规定了管理权限和职责范围。住房和城乡建设部标准定额司是国家工程造价管理的最高行政管理机构，它的主要职责是：

①组织制定工程造价管理有关法规、制度并组织贯彻实施。

②组织制定全国统一经济定额和部管行业经济定额的制定、修订计划。

③组织制定全国统一经济定额和部管行业经济定额。

④监督指导全国统一经济定额和部管行业经济定额的实施。

⑤制定工程造价咨询单位资质标准并监督执行，提出工程造价专业技术人员执业资格标准。

⑥管理全国咨询单位资质工作，负责全国甲级工程造价咨询单位的资质审定。

省、自治区、直辖市和行业主管部门的工程造价管理机构，在其管辖范围内行使管理职能；省辖市和地区的工程造价管理部门在所辖地区行使管理职能。其职责大体与国家住建部的工程造价管理机构相对应。

（二）行业协会管理系统

目前，我国工程造价管理协会已初步形成三级协会体系，即中国建设工程造价管理协会，省、自治区、直辖市工程造价管理协会及协会分会。从职责范围上看，初步形成了宏观领导、中观区域和行业指导、微观实施的体系。

中国建设工程造价管理协会的主要职责如下：

①研究工程造价管理体制的改革、行业发展、行业政策、市场准入制度及行为规范等理论与实践问题。

②探讨提高政府和业主项目投资效益、科学预测和控制工程造价，促进现代化管理技术在工程造价咨询行业的运用，向国家行政部门提供优秀的建议。

③接受国家行政主管部门委托，承担工程造价咨询行业和造价工程师执业资格准入及职业教育等具体工作，研究工程造价咨询行业的职业道德规范、合同范本等行业标准，并推动实施。

④对外代表中国造价工程师组织工程造价咨询行业与国际组织，与各国同行组织建立联系与交往，签订有关协议，为会员开展国际交流与合作等对外业务服务。

⑤建立工程造价信息服务系统，编辑、出版有关工程造价方面的刊物和参考资料，组织交流和推广先进工程造价咨询经验，举办有关职业培训和国际工程造价咨询业务的研讨活动。

⑥在国内外工程造价咨询活动中，维护和增进会员的合法权益，协调解决会员和行业间的有关问题，受理关于工程造价咨询执业违规的投诉，配合行政主管部门进行处理，并向政府部门和有关方面反映会员单位和工程造价咨询人员的建议和意见。

⑦指导协会各专业委员会和地方造价协会的业务工作。

⑧组织完成政府有关部门和社会各界委托的其他业务。

省、自治区、直辖市工程造价管理协会的职责如下：负责造价工程师的注册；根据国家宏观政策并在中国建设工程造价管理协会的指导下，针对本地区和本行业的具体实际情况制定有关制度、办法和业务指导。

（三）项目参与各方的管理系统

根据项目参与主体的不同，管理系统可划分为业主方工程造价管理系统、承包方工程造价管理系统、中介服务方工程造价管理系统。

1. 业主方工程造价管理系统

业主对项目建设的全过程进行造价管理，其职责主要是：进行可行性研究、投资估算的确定与控制；设计方案的优化和设计概算的确定与控制；施工招标文件和招标控制价的编制；工程进度款的支付和工程结算控制；合同价的控制和调整；索赔与风险预测和管理；竣工决算的编制等。

2. 承包方工程造价管理系统

承包方工程造价管理组织的职责主要有：投标决策，并通过市场研究，结合自身积累的经验进行投标报价；编制施工定额；在施工过程中进行工程施工成本的动态管理，加强风险管理、工程进度款的支付申请、工程索赔、竣工结算；加强企业内部的管理，包括施工成本的预测、控制与核算等。

3. 中介服务方工程造价管理系统

中介服务方主要有设计方与工程造价咨询方，其职责包括：按照业主或委托方的意图，在可行性研究和规划设计阶段确定并控制工程造价；采用限额设计以实现设定的工程造价管理目标；在招投标阶段，编制工程量清单、招标控制价，参与合同评审；在项目实施阶段，通过设计变更、索赔与结算的审核等工作进行工程造价的控制。

六、"数字建筑"

习主席在《致第四届世界互联网大会的贺信》等书信中提出，要建设网络强国、数字中国、智慧社会，推动互联网、大数据、人工智能和实体经济深度融合，发展数字经济、共享经济、培育新增长点、形成新动能。"数字建筑"概念的提出，可谓恰逢其时地把握时代机遇、迎接未来挑战。

（一）数字建筑的内涵

数字建筑是指利用 BIM 和云计算、大数据、物联网、移动互联网、人工智能等信息技术引领产业转型升级的行业战略，它结合先进的精益建造理论方法，集成人员、流程、数据、技术和业务系统，实现建筑的全过程、全要素、全参与方的数字化、在线化、智能化，构建项目、企业和产业的平台生态新体系，从而推动以新设计、新建造、新运维为代表的产业升级，实现让每一个工程项目成功的产业目标。数字建筑，是虚实映射的"数字孪生"，是驱动建筑产业的全过程、全要素、全参与方的升级的行业战略，是为产业链上下游各方赋能的建筑产业互联网平台，也是实现建筑产业多方共赢、协同发展的生态系统。

（二）数字建筑的核心

1. 数字建筑之"三新"

①新设计，即全数字化样品阶段。在实体项目建设开工之前，集成项目各参与方与生产要素进行全数字化打样，进而消除工程风险，实现设计、施工、运维等全生命周期的方案和成本优化，保障大规模定制生产和施工建造的可实施性。新设计的价值，不只体现在二维图样的突破、三维模型的进化上，这一全数字化样品还包含了参建各方对设计、采购、生产、施工、运维各个阶段的数字化"PDCA循环"模拟，即从协同设计、虚拟生产、虚拟施工到虚拟交付的全方位虚拟实践。

②新建造，即工业化建造。基于软件和数据，形成建筑全产业链的数字化生产线，实现工厂生产与施工现场实时连接并智能交互，实现工厂和现场一体化以及全产业链的协同，使图样细化到作业指导书，任务排程最小到工序，工序工法标准化，最终将建造过程提升到工业级精细化水平，达成"浪费最小化、价值最大化"的目标。这一工业化建造方式，极大地缩小了建筑业在生产效率、成本控制、产品质量等方面同制造业之间的差距，是建筑领域工业级精细化水平的集中体现。

③新运维，即智慧化运维。通过虚体建筑控制实体建筑，实时感知建筑运行状态，并借助大数据驱动下的人工智能，把建筑升级为可感知、可分析、可自动控制乃至自适应的智慧化系统和生命体，实现运维过程的自我优化、自我管理、自我维修，并能提供满足个性化需求的智慧健康服务，为人们创造美好的工作和生活环境。新运维将使建筑成为自我管理的生命体，充满了科技感和想象力。当建筑及相关设施被嵌入传感器和各种智能感知设备时，就如同拥有了人的感知，成为人工智能的生命体。通过自适应的感知和预测人的各种需求，再基于大数据、云计算等数字技术，可以实现建筑的温度、湿度、亮度、空气质量、新风系统的主动调控，提供舒适健康的建筑空间和人性化服务。

2. 数字建筑之"三全"

①一项工程的全生命周期，即从规划、设计、采购到施工、运维的全过程。

②全要素，即全生产要素和管理要素，包括"人、机、料、法、环"、进度、

质量、成本、安全、环保。

③全参与方，即从业主、建设方、总包方、分包商、设备材料厂商到金融服务机构等共九大类的参与方。要让他们都实现数字化、在线化、智能化，只有这样整个建筑产业才能真正实现数字化，继而实现转型升级。

3. 数字建筑之"三化"

数字化、在线化、智能化——"三化"，是"数字建筑"的三大典型特征。其中，数字化是基础，是围绕建筑本体实现全过程、全要素、全参与方数字化结构的过程。在线化是关键，通过泛在连接、实时在线、数据驱动，实现虚实有效融合的"数字孪生"的链接与交互。智能化是目标，通过全面感知、深度认知、智能交互、自我进化，再基于数据和算法逻辑无限扩展，将实现基于"以虚控实、虚实结合"进行决策与执行的智能化革命。

（三）数字建筑的价值

数字建筑将实现集约经营和精益管理，驱动企业决策智能化。其对各种生产要素的资源优化、配置和组合，实现了社会化、专业化的协同效应，降低了经营管理成本。其对"人、机、料、法、环"等各关键要素的实时、全面、智能的监控和管理，更好实现以项目为核心的多方协同、多级联动、管理预控、整合高效的创新管理体系，保证工程质量、安全、进度、成本建设目标的顺利实现。当前，湖南建筑工程集团已开始了数字化实践，致力于在行业信息化、工业化的大趋势下，普及"BIM＋"技术应用，助力"数字化项目、信息化公司、互联网企业"信息化战略的落地。

建筑业要走出一条具有核心竞争力、资源集约、环境友好的可持续发展之路，需要在数字技术引领下，以新型建筑工业化为核心，以信息化手段为有效支撑，通过绿色化、工业化与信息化的深度融合，对建筑业全产业链进行更新、改造和升级，再通过技术创新与管理创新，带动企业与人员能力的提升，推动建筑产品全过程、全要素、全参与方的升级，摆脱传统粗放式的发展模式，向以装配式建筑为代表的工业化、精细化方向转型。

数字化转型可以给建筑行业带来美好的前景，能够实现直观化沟通、高效化工作、科学化决策，将建筑业提升至现代工业化水平是转型升级的方向，让每一个工程项目成功是转型升级的核心目标。

第三章　BIM 与工程造价

第一节　BIM 在建设项目全生命周期的应用

一、概述

这是一个数字化时代，在计算机和互联网充分普及的背景下，人们各种信息的获取和处理变得极为迅捷和有效，数字化技术正冲击着各行各业的传统技术和管理模式，推动了建筑业设计、建造和管理等领域的创新和变革，同时也催生了建筑信息模型。进入 21 世纪以来，BIM 在国内从不为人所知到迅速在建筑业内传播，其应用对象从小规模建筑到体量大且复杂的建筑体，应用范围从最初的设计阶段到施工阶段并开始扩展到运维阶段，呈现出良好的发展态势。在国家对建筑业信息化发展的大力推动下，各级政府相继推出支持 BIM 技术应用的相关政策，促使该技术更加广泛普及，并成为设计和施工企业承接项目的必要能力。

住房和城乡建设部强调要加快 BIM 等新技术在工程中的应用，推动信息化标准建设，形成一批信息技术应用达到国际先进水平的建筑企业，从而掀起了施工行业 BIM 技术的应用热，对建筑业信息化起步发展起到了积极的推动作用。

在国家政策引导下，全国多个省市也相继出台了 BIM 技术应用指导意见和应用指南，多部国家 BIM 标准相继获批实施。

一系列政策是国家在信息化发展战略背景下提高建筑业信息化水平的循序渐进的政策引导，表明了国家促进行业发展改革的决心。迄今，国内建筑信息化市场有了多年的经验探索和理论成果，但建筑业信息化率与国际建筑业信息化率平均水平相比差距仍然很大，BIM 技术的集成应用并不成熟，也并非所有使用者都能够获得预期的回报。因此，建筑业界包括房地产商、设计方、施工承包商、项目管理咨询方以及各大高校仍在积极探索 BIM 技术的应用和理论研究。

（一）BIM 的概念

BIM 作为技术术语最早由美国人提出，最初用于建筑设计上，主要用于解决计算机辅助建筑设计（Computer Aided Architectural Design，CAAD）中存在的问题，如 2D 建筑图高度冗余、重复画图、设计变更导致图纸不一致、施工图信息获取过程困难等。BIM 技术在欧美国家开始蓬勃发展，计算机网络通信技术的快速发展，以及软件开发商的不断努力，为 BIM 技术的广泛传播和应用打好了基础。21 世纪初，BIM 概念引入我国并逐渐被人们所熟悉，简单来讲，建筑信息模型可理解为数字化的建筑三维几何模型。随着 BIM 技术逐渐在大中型项目中的应用，BIM 的含义逐渐被人们理解，并成为我国建筑业信息化技术的代名词。以下主要从 BIM 应用更为成熟的美国国家标准和我国新近颁布的国家标准对 BIM 的概念进行解释。

1. 美国国家标准中 BIM 的定义

美国国家 BIM 标准（NBIMS）中对 BIM 的定义由三层含义组成。

第一层含义是指设施的物理和功能特性的一种数字化表达，强调了 BIM 是一种数字化表达，是描述建筑物和其他设施的结构化的数据集，可为决策提供依据。

第二层含义指 BIM 是一个共享的知识资源，是一个可分享这个设施相关信息的软件，从建设到拆除的全生命周期中，能够为所有决策提供可靠依据的过程。该含义中强调了设施模型建立的行为和目标，指出 BIM 不仅仅限于模型本身的描述，更是创建设施信息模型的行为。BIM 模型适用范围包含三种类型的设施或建造项目：

① Building，建筑物，如一般办公楼房、住宅建筑等。

② Structure，构筑物，如水坝、水闸、水塔等。

③ Linear Structure，线性形态的基础设施，如公路、铁路、桥梁、隧道等。

第三层含义为根据建筑信息管理支持数据标准和 BIM 用途的数据要求，相关信息能够在发送方和接收方都理解的条件下可靠地进行交换。在使用统一的标准前提下，项目的不同阶段，不同利益相关方才能在 BIM 中插入、提取、更新和修改信息，并使数据流动顺畅以支持和反映各方的协同作业。

2. 我国国家标准中 BIM 的定义

我国行业标准把 BIM 定义为："建筑信息完整协调的数据组织，便于计算机应用程序进行访问、修改或添加这些信息，包括按照开放工业标准表达的建筑设施的物理和功能特点以及其相关的项目或生命周期信息"。该标准明确了 BIM 包括建筑设施的物理特性和功能特性，并覆盖建筑全生命周期。

"在建设工程及设施全生命周期内，对其物理和功能特性进行数字化表达，并依此设计、施工、运营的过程和结果的总称，简称模型"。这里的"BIM"可以指代"Building Information Modeling"、"Building Information Model"和"Building

Information Management"三个独立又彼此关联的概念。将建筑信息模型的创建、使用和管理统称为"建筑信息模型应用",简称"模型应用"。强调模型应用能够实现建设工程各相关方的协同工作、信息共享;模型应用宜贯穿建设工程全生命周期,也可根据工程实际情况在某一阶段或环境内应用;模型应用宜采用基于工程实践的建筑信息模型应用方式(P-BIM),并应符合国家相关标准和管理流程的规定。

由上述关于 BIM 的定义可知,BIM 既包含模型本身作为某阶段或者整个项目生命周期的物理载体的描述,也包含作用于模型的一系列应用和管理工作。但它既不等同于一个简单的三维几何模型,也不仅仅是狭义的建模技术,其含义远远超过了其字面含义。

BIM 技术的含义也可以这样来描述:BIM 技术是一项应用于设施全生命周期的 3D 数字化技术,它以一个贯穿其生命周期,通用的数据格式,创建、收集该设施相关的信息并建立信息协调的模型作为项目决策的基础和共享信息的资源,帮助人们虚拟地计划、设计、构建和管理整个项目。这里的 BIM 技术则侧重于信息模型的有效形成并应用的过程。

(二)BIM 的特点

关于 BIM 的定义可通过三个层面来理解,当仅提"BIM 模型"时,是指"Building Information Model",提到模型创建和应用时即是指"Building Information Modeling",即 BIM 技术。因此,对 BIM 的理解已经超出了模型本身的含义。结合模型和技术应用,概括出 BIM 有如下特点:

1. 可视化

BIM 可视化首先是二维模型可视化,其次是模型信息以及传递过程可视化,这是 BIM 技术最显著的特点。

相对于 CAD 技术下二维设计图的表现方式,BIM 软件所建立的 3D 立体模型即为设计结果。3D 设计能够精确表达建筑的几何特征,相对于 2D 绘图,3D 设计不存在几何表达障碍,对任意复杂的建筑造型均能准确表现传统二维施工图上很难表达的复杂构件信息,不再需要工程人员自行想象,而是通过 BIM 模型直观地呈现出来,减少了理解错误,提高了施工效率。

BIM 模型能使看不懂建筑专业 CAD 图的客户和用户,通过模型清楚了解即将建造的建筑物的各类特征。更重要的是,BIM 附带的构件信息(几何信息、关联信息、技术信息等)为可视化操作提供了有力的支持,不但使一些比较抽象的信息(如应力、温度、热舒适性)可以用可视化的方式表达出来,还可以将设施建设过程及各种相互关系动态地表现出来。在项目建设、设计、建造、运营过程中各方的沟通、讨论、决策，都在 BIM 所呈现的可视化状态下进行，极大提高了沟通和解决问题的效率。

2. 模型信息的完备性

从 BIM 定义中可知，模型信息指的是设施的物理和功能特性的数字化表达，信息是核心组成部分：BIM 模型信息中除了包括对工程对象的 3D 几何信息和拓扑关系的描述，还包括实际工程对象完整的工程信息：

①设计信息：对象名称、结构类型、建筑材料、工程性能等。

②施工过程信息：施工工序、进度、成本、质量信息等。

③资源消耗信息：人力、机械、材料等消耗量。

④维护信息：工程安全性能、材料耐久性能等。

除此之外，BIM 模型信息还包括工程对象之间的工程逻辑关系。

完备的信息存储功能可迅速地为设计师、施工方、业主等各方提供各类所需数据，节约了过去需要查询多种图纸和资料而花费的大量时间和精力。

信息的完备性还体现在 Building Information Modeling 这一创建建筑信息模型行为的过程。在这个过程中，设施的前期策划、设计、施工、运营维护各阶段都连接了起来，把各阶段产生的信息都存储进 BIM 模型中，使得 BIM 模型的信息来自单一的工程数据源，包含设施的所有信息。模型内的所有信息均以数字化形式保存在数据库中，以便更新和共享信息的完备性，使 BIM 模型能够具有良好的基础条件，支持可视化操作、优化分析、模拟仿真等功能。为在可视化条件下进行各种优化分析和模拟仿真提供了便利条件。

3. 模型信息的关联性和一致性

工程信息模型中的对象是可识别且相互关联的，模型中某个对象发生变化，与之关联的所有对象会随之更新。源于同一数字化模型的所有图纸和图表均相互关联，在任何视图（平面、立面、剖面）中对模型的任意修改，都视为对数据库的修改，会立即在其他视图或图表中相应地方反映出来，避免了传统 CAD 设计方式下，在各个图纸上重复多次修改，并且各构件之间可以实现关联显示、智能互动的方式。例如，当移动视图中墙体构件时，墙上附着的门窗构件也会相应移动；删除墙体时，墙体所附着的门窗也随之删除等，这就大大提高了项目的工作效率。

模型信息的一致性体现在生命周期不同阶段模型信息是一致的，同一信息无须重复输入。当设计阶段采用 BIM 设计时，工程项目招投标以及施工阶段均在同一模型的基础上进行深化和施工，避免重复建模和计算，并在此基础上进行三维交底、进度控制、质量控制、造价控制、合同管理、物资管理、施工模拟等管理工作，确保了施工与 BIM 模型更好地对接。

4. 协调性

专业协调是建设过程中的重点内容，BIM 技术在很大程度上克服了以往各专业的协调障碍问题。项目建设过程中各专业之间常常因信息的传递和沟通的不顺畅出现各种冲突，如管道与结构冲突，各个房间出现冷热不均，没有预留洞口或尺寸不对等情况，这些问题大都是在施工现场根据已有安装情况进行调整或改造，常常会增加人工和材料的消耗。

BIM 能提供清晰、高效率地与各系统专业有效沟通的平台，通过其特有的三维模型效果和检测功能，将原来施工中才能发现的问题提前到施工之前。通过建造前期对各专业的碰撞问题进行协调，生成协调数据，提供给参与各方，以便协商讨论解决方案。同时，减少不合理或者问题变更方案，使施工过程顺利进行。

5. 模拟性和优化性

在前述有关 BIM 的定义中提到，BIM 是一个建立设施电子模型的行为，以解决建设过程每一个阶段的各类问题为目标，BIM 技术的模拟功能为解决工程中的疑难问题提供了有效的技术支撑。

BIM 的模拟性在设计阶段主要体现为：紧急疏散模拟、日照模拟和热能传导模拟等，以达到优化设计方案的目的。在施工阶段模拟性体现为通过对施工计划和施工方案进行分析模拟，充分利用时间、空间和资源，消除冲突，以获得最优施工计划和方案，并通过建立模型对新工艺和复杂节点等施工难点进行分析模拟，为顺利施工提供技术方案。在后期运营阶段，还可以进行日常紧急情况处理方式的模拟，如地震人员逃生模拟和消防人员疏散模拟等。

事实上，整个设计、施工和运营的过程就是一个不断优化的过程，优化通常受信息、复杂程度和时间的制约。现代建筑物的复杂程度大多超过参与人员本身的设计优化能力极限，而 BIM 模型提供复杂建筑物的完备信息，加上配套的各种工具，恰好满足了对项目进行优化的条件。基于 BIM 的优化，可以完成以下两种任务：

①对项目方案的优化把项目设计和投资回报分析结合起来，可以实时计算出设计变化对投资回报的影响，这样业主对设计方案的选择就不会停留在对形状的评价上，而是选择哪种项目设计方案更有利于自身的需求。

②对特殊项目的设计，优化在大空间随处可看到异形设计，如裙楼、幕墙和屋顶等，这些内容看似占整个建筑的比例不大，但是占投资和工作量的比例却往

往很大，而且通常是施工难度较大和施工问题较多的地方。通过模拟分析，对这些内容的设计施工方案进行优化，为改善工期和减少工程实施的造价提供可能。

6. 生成工程文档

项目生命周期各个阶段都产生了大量的信息，不同于传统 CAD 设计方式下建筑物的几何物理信息的匮乏，以及施工过程中人员、材料、时间、成本等信息处于相互分割的状态，BIM 模型及平台中集成了这些可用信息，并且通过一定的标准保证了其在各阶段的传输和各专业软件之间的共享和交换。BIM 在各类软件支持下生成预定的设计和施工文档分类存储以供调用。例如，通过 BIM 模型可直接生成设计阶段施工图；可导入和导出结构材料参数数据、声学数据和能耗数据文件；可记录下每一次的设计变更状态并生成报告；可提供工程量数据并形成工程造价文件，并在施工阶段结合不同专业软件完成工程进度文档和成本文档等。建筑模型本身也是作为重要的工程文档成为 BIM 技术的重要特征之一。

（三）BIM 标准

BIM 的作用是使建设项目各方面的信息从规划、设计、施工到运营的整个过程中无损传递，这依赖于不同阶段、不同专业之间的信息传递标准，即需要一个全行业的标准语义和信息交换标准，为项目全生命周期各阶段、各专业的信息资源共享和业务提供有效保证。目前 BIM 标准分为 3 大类：分类编码标准、数据模型标准、过程交付标准。

1. 分类编码标准

分类编码标准直接规定建筑信息的分类，并将其代码化。例如，对不同建筑类型、构件类型、不同材料种类等进行分类，赋予唯一编码。

2. 数据模型标准

数据模型标准规定 BIM 数据交换格式，即用于交换的建筑信息的内容及其结构，是建筑工程软件和共享信息的基础。

3. 过程交付标准

过程交付标准规定用于交换的 BIM 数据的内容——什么人，在什么阶段，产生什么信息。为保证信息在各专业和各阶段传递的准确性，需要对传递信息内容、流程、参与方进行严格规定。过程交付标准主要包括 IDM 标准（Information Deliver-Manual）、MVD 标准（Model View Definitions）和 IFD 库（International Framework for Dictionaries）。

在上述 BIM 标准体系编制中，主要利用了三类基础标准：建筑信息组织标准、数据模型表示标准以及 BIM 信息交付手册标准。建筑信息组织标准用于分类编码标准和过程交付标准的编制，数据模型表示标准用于数据模型标准的编制，BIM 信息交付手册标准用于过程交付标准的编制。

二、应用

（一）规划阶段 BIM 应用

项目前期行为计划和规划对整个生命周期的影响程度最大，该阶段需要确定建筑空间和功能要求、处理场地和环境问题，明确建筑标准和区域规划条件等因素。该阶段概念设计包括建筑的功能、成本、建筑方法、材料、环境影响、建筑实践、建筑文化及建筑美学等观点。项目理想规划方案即最优的建筑设计方案和最低的目标成本。规划阶段的 BIM 应用主要包括现状建模、投资估算和进行可视化能耗分析。

1. 现状建模

利用数字化三维扫描技术将场地条件信息载入到基于 BIM 技术的软件中，创建出道路、建筑物、河流、绿化以及变化起伏等现状模型，并在现状模型的基础上根据容积率、绿化率、建筑密度等建筑控制条件创建工程的建筑体的各种方案，提供可选方案的概念模型。

2. 投资估算

投资估算是指对拟建项目固定资产投资、流动资金和项目建设期贷款利息的估算。投资估算是业主最为关心的一个要素，准确的估算在项目初期是非常有价值的。在项目决策阶段主要是利用概念性的 BIM 模型包括的历史成本信息、生产率信息及其他估算信息组件进行投资估算，并且根据不同方案的对比，权衡造价优劣，为项目规划提供重要而准确的依据。

3. 进行可视化能耗分析

该阶段即为对建设项目进行能耗分析计算，可借助相关的软件采集项目所在地的气候数据，并基于 BIM 模型数据，利用相关的分析软件进行可持续绿色建筑规划分析，如日照模拟分析、二氧化碳排放计算、自然通风和混合系统情境仿真等方面。讨论在新建筑增加情况下各项环境指标的变化，从而在众多方案中优选出更节能、更绿色、更生态、更宜居的最佳方案。

（二）设计阶段 BIM 应用

在 BIM 概念体量模型基础上，进行初步设计和详细设计。该阶段以选定的 BIM 体量模型进行初步设计，包括：设计出最新的建筑模型，并以此为基础进行结构设计建模、机电设计建模；执行建筑、结构、机电模型整合，确认组件冲突和空间要求，并调整设计避免冲突；依据整合模型进行绿色建筑评估；依据建筑 BIM 模型辅助统计工程量，更新项目成本估算等，并且更新 BIM 执行计划，以便进入施工阶段。

1. 设计方案论证

在前一阶段概念模型基础上，结合各类基础数据与方案，三维模拟方案，直观的模型环境十分方便评审人员、业主对方案进行评估。通过空间分析结果对设计能否满足功能需求等方面进行评估论证，甚至可以就当前设计方案，讨论施工可行性以及如何削减成本、缩短工期等问题，可对修改方案提供切实可行的方案。

2. 可视化协同设计

设计师在可视化设计软件系统中进一步设计建筑外观、功能、机械系统尺寸以及结构系统计算。从 BIM 平台角度看，不同专业甚至是异地的设计人员都能够通过网络在同一个 BIM 模型上展开协同设计，避免各专业各视角之间不协调的事情发生，保证后期施工的顺利进行。

3. 性能分析

BIM 模型中包含了用于建筑性能分析的各种数据，只要数据完备，将数据通过 IFC、gbXML 等交换格式输入到相关的分析软件中，即可进行当前项目的节能分析、采光分析、日照分析、通风分析以及最终的绿色建筑评估。

4. 设计概算

设计概算是指在初步设计阶段，在投资估算的控制下，由设计单位根据初步设计或扩大初步设计图纸及说明、概算定额或概算指标、综合预算定额、取费标准、设备材料预算价格等资料，编制确定建设项目从筹建至竣工交付生产或使用所需全部费用的经济文件。BIM 模型信息的完备性简化了设计阶段对工程量的统计。模型的每个构件都和 BIM 数据库的成本库相关联，当设计师在对构件进行变更时，设计概算都会实时更新。

设计阶段 BIM 技术应用通常产生的成果文件有建筑专业模型、结构专业模型、机电（MEP）专业模型、由 BIM 模型输出成本估算、整合后的各专业集成模型及空间确认报告、由 BIM 模型中可量化工程项目输出的详细工程量表等。

（三）施工阶段 BIM 应用

在施工阶段，对设计做任何改变产生的成本都远远高于施工前期设计阶段，应用 BIM 技术的主要优势在于它能减少设计变更，节省施工的时间和成本。一个精确的建筑模型可使项目团队中的所有成员受益，它能够使施工过程变得更加流畅、更易规划，既能节省时间和成本，又能减少潜在的错误和冲突。施工阶段的

BIM 技术应用主要是承包商参与的过程，传统的设计——招投标建造（DBB）模式限制了承包商在设计阶段贡献他们的知识，特别是当他们可以显著增加项目价值的时候，理想的 BIM 应用必须使承包商在建设项目的早期介入。例如，在整合项目交付模式（IPD）下，合约要求建筑师、设计师、工程总承包商、关键贸易商从项目的一开始就一起工作，那么，BIM 技术就可作为有利的协调工具。

BIM 技术在施工阶段可以有以下多个方面的应用：冲突检测和综合协调、施工方案分析模拟、数字化建造、物料跟踪、施工科学管理等。

1. 冲突检测和综合协调

空间冲突是施工现场中重要的问题源，但利用准确详细的模型进行细致的冲突检测可以很大程度上消除空间冲突。在施工开始前利用整合所需专业的 BIM 模型在可视化状态下对各个专业（建筑、结构、给排水、机电、消防、电梯等）的设计进行空间检测，检查各个专业管道之间的碰撞以及管道与结构的碰撞等。如存在碰撞则及时调整，这样就较好地避免在施工过程中因管道发生碰撞而进行拆除、重新安装产生的各种浪费和工期延误。还可将各专业的管线进行更加合理的预先排布，使施工过程更加流畅。

目前，主要使用的冲突检测技术有两种：使用 BIM 设计软件自带功能和单独的 BIM 集成工具。几乎所有 BIM 设计工具都有冲突检测功能，但目前较多使用单独的 BIM 集成工具，这类工具可提供冲突检测分析史，复杂一些，可分析更多类型的软冲突（实体间实际并没有碰撞，但间距和空间无法满足相关安装、维修等施工要求）和硬冲突（实体与实体之间交叉碰撞）。

2. 施工方案分析模拟

承包商可在 BIM 模型上对施工方案进行分析模拟，如复杂施工工艺模拟、进度模拟、施工组织模拟等，充分利用空间和资源整合，消除冲突，得到最优施工方案。施工模拟通常采用四维（4D）模型来进行，即在三维（3D）模型基础上考虑了时间因素，通过一定的工具使得用户可以把工作在时间和空间上关联起来，开展直观的进度计划与工作交流。

常用的方法是首先运用专业软件进行施工进度计划的编制，将进度任务安排和 3D 模型的构件对象对应，然后通过将进度计划文件与参数化 3D 模型连接起来，运用 BIM 工具将细分的活动在 4D 进度模拟中动态地展示出来。这种 4D 模型保证了施工现场管理与施工进度在时间和空间上的协调一致，能够有效帮助管理者合理安排施工进度和施工场地布置，并根据进度要求优化"人、材、机"各种资源。

4D 模型还可以对项目复杂的技术方案进行模拟，特别是对于新形式、新结构、新工艺和复杂节点，可以充分利用 BIM 的参数化和可视化特性对节点进行施工流程、结构拆解、配套工器具等角度的分析模拟，实现施工方案的可视化交底，进一步改进施工方案，实现可施工性，以达到降低成本、缩短工期、减少错误和浪费的目的。4D 模型还可对场地、材料和设备进行合理安排，如脚手架搭设、塔式起重机的设置等，使施工过程更加顺畅。

3. 数字化建造

数字化建造的前提是详尽的数字化信息，而 BIM 模型的构件信息都以数字化形式存储：例如，像数控机床这些用数字化制造的设备需要的就是描述构件的数字化信息，数字化信息为数控机床提供了构件精确的定位信息，为建造提供了必要条件。建筑业也可以采用类似的方法来实现建筑施工流程的自动化。尽管建筑不能像机械设备一样在"加工"好后整体发送给业主，但建筑中的许多构件的确可以异地加工，然后运到建筑施工现场，装配到建筑中，例如，门窗、预制混凝土结构和钢结构等构件，这解决了施工场地狭窄和现场施工速度慢等局限。此外，全数字化运维管理系统也是未来智慧型城市的雏形，数字化建造也将成为未来建筑业发展的方向。

4. 物料跟踪

在施工阶段，由于 BIM 模型详细记录了建筑物及构件和设备的所有信息，通过 BIM 技术与 3D 激光扫描、视频、图片、GPS、移动通信、射频识别技术（Radio Frequency Identification，RFID）、互联网等的集成，可以实现对现场的构件、设备以及施工进度和质量的实时跟踪。例如，可以给建筑物内各个设备构件贴上二维码标签，通过移动端的扫描可查看设备的详细信息，使得传统的物料与设备管理更加清晰高效，信息的采集与汇总更加及时准确。

5. 施工科学管理

通过 BIM 技术和管理信息系统的集成，可以有效支持造价、采购、库存、财务等的动态精确管理，减少库存开支。在竣工时，可以生成项目竣工模型和相关文件，有利于后续的运营管理。业主、设计方、预制厂商、材料供应商等可利用 BIM 模型的信息集成化与施工方进行沟通，提高效率，减少错误。

（四）运营阶段 BIM 应用

工程竣工后，在 BIM 模型中加入竣工状态及主要系统和设备的信息，形成运营 BIM 模型，以供设施管理使用。传统设施管理方式通常用纸质文档方式记录各设施信息，以备设备检修、查询，由设备厂商定期维护设施。随着设施运营维护时间增加，维修信息越多，文件管理的负担越大，如设施管理交接不慎而导致数据遗失，增加管理的难度。在 BIM 技术环境下，通过数字化的方式将设备信息以二维的图文接口进行管理及存储，可最大程度确保数据不会遗失。此外，运营模型还可用于制订防灾计划和灾害应急模拟。

1. 竣工模型交付与维护计划

工程竣工后，施工方对 BIM 模型进行必要的测试和调整后，再向业主提交，这样运营维护管理方得到的不只是设计稿和竣工图，还能得到反映真实状况的 BIM 模型（里面包含了施工过程记录、材料使用情况、设备的调试记录以及状态等资料）。运营模型能够将建筑物空间信息、设备信息和其他信息有机地整合起来，结合运营维护管理系统可以充分发挥空间定位和数据记录的优势，合理制订运营、管理、维护计划。例如，当业主对房屋进行二次装修时，通过 BIM 模型可以清楚了解哪里有管线，哪里是不能拆除的承重墙等；当维护设备时需要了解某台设备的生产商信息，可以通过扫描二维码迅速查询到 BIM 模型中已经设置好的有关该设备的所有信息。

2. 资产管理

通过 BIM 建立维护工作的历史记录，可以对设施和设备的状态进行跟踪，对一些重要设备的使用状态提前预判，并自动根据维护记录和保养计划提示到期需保养的设备和设施，对故障的设备从派工维修到完工验收、回访等过程进行记录，实现过程化管理。此外，如果基于 BIM 的资产管理系统能和诸如停车场管理系统、智能监控系统、安全防护系统等物联网结合起来，实行集中后台控制与管理，则能很好地解决资产的实时监控、实时查询和实时定位，并且实现各个系统之间的互联、互通和信息共享。

3. 建筑系统分析

运营 BIM 模型作为运营期建筑能耗监测与分析系统的基础数据库，在此基础上，借助相关分析软件对建筑运营期产生的能量进行分析，即对建筑运营期采暖、通风、热水供应、空调、照明等进行模拟分析并计算其总能耗。基于对统计结果的分析，为能耗监测系统提供方向，设计能耗监测系统。

4. 空间管理

应用 BIM 技术可以处理各种空间变更的请求，合理安排各种应用的需求，并记录空间的使用、出租、退租的情况，实现空间的全过程管理。例如，结合模型对房屋出租进行规范性管理，通过 BIM 模型可以迅速了解不同区域属于哪些租户，以及这些租户的相关信息。

5. 防灾计划与灾害应急模拟

基于 BIM 模型丰富的信息，可以将模型以 IFC 等交换格式导入灾害模拟分析软件，分析灾害发生的原因，制订防灾措施与应急预案，灾害发生后，将 BIM 模型以可视化方式提供给救援人员，让救援人员迅速找到合适的救灾路线，提高救灾成效，还能在灾后有效地进行受灾损失的统计。

BIM 技术可以使运营阶段管理工作有据可依，降低运营阶段的维护管理费用。但现阶段由于技术原因，在运营维护阶段应用技术的案例并不多，BIM 技术的很多优势还没有被充分地挖掘出来。但毫无疑问，BIM 能提供运营维护阶段的管理工作需要相关数据信息的支持，这是一个客观的事实。除此之外，BIM 技术还可用于项目更新的方案优化、结构分析以及项目拆除阶段的爆破模拟、废弃物处理、环境绿化、废弃运输处理等。

第二节　BIM 与工程造价确定

一、工程造价的构成

工程造价是按照确定的建设内容、建设规模、建设标准、功能要求和使用要求等将工程项目全部建成，在建设预期或实际支出的全部费用。我国现行建设项目投资构成中，固定资产投资与建设项目的工程造价在量上相等。

工程费是指建设期内直接用于工程建造、设备购置及其安装的费用，包括建筑工程费、安装工程费和设备购置费。工程中常把建筑工程费和安装工程费称为建筑安装工程费，也是狭义上对工程造价的理解。在实际工程中，工程量清单计价模式下，为方便建筑安装工程费的确定和计算，根据其形成顺序可将建筑安装工程费分为分部分项工程费、措施项目费、其他项目费、规费、税金。

工程计量与计价是工程造价确定与管理的主要内容，占项目总投资比例最大的建筑安装工程费无疑是工程造价确定的重点。建筑安装工程费的基本要素是组成建筑物的各单位构件（分项工程）工程量、各种资源要素的价格以及建设过程中产生的各种费用。由于建筑产品有着与一般工业产品不同的技术经济特点，其产品庞大而且受土地限制决定其个体的单件性，从而使每个建筑产品有自身独立的设计文件以及独立的施工过程，目前尚不能达到完全批量生产的程度。因此，建筑安装工程费（建筑产品价格）的确定就必须使用一系列独特的工程量计算程序和计价方法。

二、BIM 与工程计量

（一）工程计量依据

工程造价的确定分为工程计量和工程计价两个环节。工程计量，即各专业工程的工程信计算，是指建设工程项目以工程图、施工组织设计或施工方案及有关技术经济文件为依据，按照相关工程国家标准的计算规则、计量单位等规定，进行工程量计算的活动。

在工程项目实施的各个阶段，都贯穿着项目实体的工程量计算，由于每个阶段造价控制目标不同，工程量计算的粗略程度也不同。通常在项目招投标阶段有详细施工图文件以后，工程量计算的内容更细化、计算依据和规则也更加清晰。工程计量通常采用如下依据：

①各专业工程量计算规范。

②经审定通过的施工设计图及其说明。

③经审定通过的施工组织设计或施工方案。

④经审定通过的其他有关技术经济文件。

（二）工程计量原理

结合工程造价的计价原理，工程计量时，需要将一个项目根据工序或部位分解为若干个子项分部分项工程，对各子项进行计量，作为进一步计算子项综合单价的基础工程计量，包括工程项目的划分和工程量计算两部分工作。即首先将单位工程划分为可以确定数量且方便于计价的各个分部分项工程，然后按照各个分项工程的特点以及工程量计算规则计算出相应的工程量。例如，建筑装饰工程可以按照施工顺序细分为土石方工程、地基处理与边坡支护工程、桩基工程、砌筑工程、混凝土工程及钢筋混凝土工程、金属结构工程、木结构工程、门窗工程、屋面防水工程等分部工程。但是，各分部工程还不能作为计量的最基本单元，还需要进一步细分，如土石方工程还可划分为平整场地、基础土方开挖、土方回填、余方弃置等分项工程，依据相关的计算规则、施工图设计文件以及施工组织设计，便可计算出基本单元（分项工程）的工程量。

传统的工程计量采用手工计量和软件计量两种方式。手工计量即根据施工设计图，利用直尺、计算器等工具进行构件尺寸测量和计算。这种方式需要消耗大量的造价工作人员的人力和劳动时间，而且工程量计算的准确性因造价人员的专业水平不同而存在较大差异，给工程项目管理带来较大麻烦。在计算机普及后，手工计算部分工程量成为计算机算量的补充手段。

专业软件计量原理是利用软件将施工图内容重新绘制或者识别，形成符合计量需要的模型，再由软件自动计算并统计各专业工程量。专业计量软件的应用极大地提高了工程量计算速度和效率，工程量的确定也更加趋于准确。以二维施工图设计模式为例，计量人员需要对施工图和施工工艺有全面的认识，对于部分原施工图中没有表达的内容，必须清楚地理解后才能完整反映到新建模型上。尤其是一些结构复杂的建筑物，其计量模型的创建比较困难，常常需要计算机和手工结合共同完成工程量计算工作。

无论是手工计量还是软件计量，在工程造价的确定和管理过程中，工程量始终是建设项目各参与方关注的内容。由于在工程项目实施各阶段，施工图的变更、工程的突发状况等都会带来建筑物工程量的变化，工程计量难免在各阶段重复进行，直到工程竣工结算完成，计量工作才最终结束。因此，工程计量无疑也是目前工程造价管理过程中工作量占比例非常大的一部分。BIM 技术的兴起和发展，给工程造价管理带来了大的变革，改变了工程计量与计价的方式和方法。

（三）BIM 技术计量方法

BIM 技术工程计量是指在相关规范的指导下，通过设计阶段建立的 BIM 模型，直接统计获得的每一个分项工程或构件的工程量，无须再重新建模生成工程量数据的一种新的工程计量方式。

目前，BIM 技术计量方法主要采用三种方式：一是直接从 BIM 基础模型中（如 Revit 模型）获取各专业的工程量；二是多软件协同提取 BIM 工程量，即将 Revit 模型导出到传统软件中计量，通过传统计量方式获取工程量；三是利用 Revit 平台插件提取工程量。

1. Revit 模型工程量

在 BIM 设计建模时，按照相关标准和规范的分类要求将建筑物的构件进行分类建模，同时模型中载入相关的工程量计算规则，特别是相交构件的扣减规则。当建筑及机电模型完成后，通过软件的统计分析功能，直接形成构件工程量明细表。

BIM 模型直接生成的构件工程量，是按构件模型尺寸精确计算出的数据，完全反映构件实际情况，这种方法最直接、也最理想。但目前模型不能完成所有分项工程量统计，如钢筋工程量、部分措施项目等工程量统计。另外，模型直接生成明细表工程量与现有工程量计算规范并不完全一致，这些都使直接使用 Revit 模型工程量具有一定困难。

2. 多软件协同提取 BIM 工程量

该方法是利用 BIM 设计模型，结合现有成熟的专业计量软件系统，统计出各专业工程量。为下一步工程计价和进度计划的编制提供基础数据。这种方法将传统的计量软件与 BIM 设计建模软件结合起来，通过将 Revit 模型导入传统工程计量软件，形成算量模型，并在传统算量平台上进行工程量计算后生成工程量清单。该方式充分发挥了两者的专业优势，也是现阶段 BIM 技术应用中普遍采用的方法。

但这种方式在将模型导入传统计量软件时，需要进行数据格式进行转换，这可能会导致部分构件的算量模型与 Revit 模型不一致，从而使工程量统计不准确。

目前成熟的工程计量软件，均采用工程量清单计价规范作为构件工程量统计的依据，但由于规范仍沿袭了手工按施工图计算工程量的思维，工程量计算时忽略了一些细小的不易计算的构件尺寸。例如，建筑装饰工程中，混凝土梁板项目工程量计算规则为"按设计图示尺寸以体积计算，不扣除单个面积 ≤ 0.3 ㎡的柱、垛以及孔洞所占体积"，以此计算出的工程量相较 BIM 模型直接生成的明细表的构件数量或构件实际工程就会存在一定的差异，需要通过后期工程计价的环节来进行弥补和调整。

3. 利用 Revit 平台插件提取工程量

在已有 Revit 模型的基础上，通过内置在 Revit 中的算量插件，进行工程设置、模型映射、工程量清单挂接以及工程量统计，最终形成工程量清单报表。由于该算量插件中内置了当前的工程量计算规范，工程量计算结果符合工程计价的要求，相比第二种方式，没有中间数据转换环节，避免构件在转换过程中出现各种丢失或识别误差而导致工程量偏差。基于 Revit 平台插件提取工程量的方式对模型的要求，尤其是对族的分类编码的要求比较高。模型映射过程，本质上都是对族名称的识别，所以在初期创建 Revit 模型时，要求有严格的建模规则，以符合工程算量需要。

（四）BIM 技术计量特点

相比传统的工程量计算方式，BIM 技术计量有如下特点：

1. 工程量一致性

从理论上来讲，施工图所示建筑物各类构件实体的工程量是唯一的。但在传统计量方式下，每一个造价人员出于对图纸的理解和自身专业水平的差异而计算出不同的结果，使用不同软件商的计量软件在工程量数据上也有一定不同。此外，各参与方由于利益驱使等原因，也可能导致各自会有不同的工程量数据。因此，承发包双方在商务谈判时，一个最为重要也最为枯燥的工作内容就是核对工程量，工程量数据的分歧往往是承发包双方争议的焦点，这也是工程结算工作耗时长的重要因素。

在 BIM 技术环境下，将统一的计量规范导入到 BIM 模型中，形成唯一的工程量计算标准。项目的各参与方得到的工程量完全一样，经过修改和深化过的 BIM 模型作为竣工资料的主要部分，成为竣工结算和审核的基础。理想状态下，承包商在提交竣工模型的同时，就相当于提交了基础方案。工程设计院在审核模型的同时，就已经审核了工程量。

2. 工程量准确度高

传统工程计量需要依据设计院给出的二维图建立三维算量模型，工程量的准确度依赖于造价人员对于图纸的理解和自身专业水平的高低。传统算量软件计算不规则或复杂的几何形体的能力比较弱，甚至无法计算，往往需要通过手工计算或者粗略估算，准确度大大降低。采用 BIM 技术后，复杂构件模型能在设计阶段建立好，不需要在计量阶段重复建模，利用建好的三维模型对构件实体进行扣减计算，准确性高。例如，在机电安装工程方面，由于设计阶段对各类管道之间可能的碰撞情况进行了分析和调整，管道布置与实际做法一致性程度较高，也提高了管线的工程量计算的准确性。

3. 可实现数据共享和历史数据积累

基于 BIM 的工程量计算可以实现工程量与所有工程实体数据的共享与透明。设计方、建设方、施工方、监理方等可以统一调用 BIM 模型，实现数据透明公开共享，保证了各方对于工程实体在运维阶段客观数据的信息对称性。工程量与运维模型构成一体，可随时调用，避免了传统方式下设计文件和工程造价文件之间的相互割裂，已建工程模型统计的算量指标积累，对今后类似项目的投资估算和可行性研究具有比较大的参考价值。

三、BIM 与工程计价

（一）工程计价原理及方法

工程计价是指按照规定的程序方法和依据。对不同阶段的工程造价及其构成内容进行估计或确定的行为。工程计价依据包括与计价内容、计价方法和价格标准相关的各专业设计资料、工程计量计价规范、工程计价定额及工程造价信息等。

工程计价的基本原理是将建设项目分解为最基本的构造单元，按一定计量单位确定其数量，再逐步确定每一个单元的直接生产费用，即基本子项的单价，结合单价和数量按一定方法计算，最后汇总各类费用，获得整个建筑物的工程造价。

建设项目在不同的建设阶段,工程造价呈现出的详细程度均不一样,工程计价方法和粗略程度不同。工程计价方法主要分为两大类:一种是利用经验数据、工程造价指标,并按照一定程序计算工程造价的估价体系,如项目投资估算,需要参考一定时期的工程造价指标和费用标准进行计价;另一种是根据现有的计价规范、计价定额或消耗量定额,计算工程基本构造单元的工程量所需要的基本费用,即通过项目划分形成的分项工程的单位价格,再按一定的费用计算标准完成整个单位工程和单项工程造价,从而完成从工程单价到工程总价的确定过程。

目前我国建设工程承发包及实施阶段普遍采用工程量清单计价方法,工程单价采用综合单价。工程量清单计价过程分为工程量清单编制和工程量清单计价两个阶段。

工程承发包阶段,招标人在工程量清单基础上根据项目特点,结合国家规范、地区行业定额、工程造价信息等资料编制招标控制价,在工程清单基础上结合企业定额等资料编制投标报价。

在工程施工阶段,承发包双方根据合同文件和工程实施进度等资料进行工程价款支付和合同价款调整等工程造价的计价和管理工作。

根据各个专业单位工程的造价,可计算出:

$$单项工程造价 = \sum 各专业单位工程造价$$
$$建设项目总造价 = \sum 各单项工程造价$$

(二)工程计价特点

由于建筑产品本身体量大、构造复杂以及建设周期长等特点,因此决定了工程计价有如下特点:

1. 计价的单件性

建筑产品具有单件性的特点决定了每一个建筑产品均有独立的设计文件,从而使其必须进行单独计价。

2. 计价的多次性

建筑产品具有周期长、规模大、造价高的特点,其建设程序需要分阶段进行,相应的计价也要多次分阶段计价及确定,以保证计价与造价控制的科学合理性。按照工程建设程序,可将工程计价阶段划分为项目决策阶段的投资估算、初步设计阶段的设计概算、施工图设计阶段的施工图预算、工程招投标阶段的合同价、施工阶段的工程价款结算、工程竣工结算、建设项目最终的投资费用决算。

3. 计价的层次性

工程计价从纵向看具有多次性计价特征,从横向或计价对象看又具有多层次的特点。在建设项目层次划分基础上，工程计价时首先应确定分项工程单价，汇总确定单位工程造价，再进一步将各单位（专业）工程造价进行汇总，形成单项工程造价。例如，建设项目由多个单项工程构成，则汇总多个单项工程造价，形成建设项目总造价。但在这个计价过程中主要是建筑安装工程费的形成过程，对于广义上建设项目总造价，还需要考虑设备购置费以及工程建设其他费用等。

4. 计价方法的多样性

工程项目的多次计价有其各不相同的计价依据，每次计价的精确度要求也各不相同，由此决定了计价方法的多样性。例如，投资估算的方法有设备系数法、生产能力指数估算法等；计算概算、预算造价的方法有单价法和实物法等。不同的方法有不同的适用条件，计价时应根据具体情况加以选择。

5. 计价依据的复杂性

影响工程造价的因素较多，因此决定了计价依据的复杂性。计价依据主要分为以下七类：

①设备和工程量计算依据，包括项目建议书、可行性研究报告、设计文件等。

②人工、材料、机械等实物消耗量计算依据，包括投资估算指标、概算定额、预算定额等。

③工程单价计算依据，包括人工单价、材料价格、材料运杂费、机械台班费等。

④设备单价计算依据，包括设备原价、设备运杂费、进口设备关税等。

⑤措施费、间接费和工程建设其他费用的计算依据，主要是相关的费用定额和指标。

⑥政府规定的税费。

⑦物价指数和工程造价指数。

（三）BIM 计价方法

我国工程计价方式经历了从无标准阶段、预算定额模式阶段、消耗量定额模式阶段到工程量清单计价模式阶段的演变，工程计量计价工具随之从直尺、计算器阶段发展到计算机辅助计价阶段，软件也越来越成熟。但目前工程计价工作仍然需要消耗大量的时间来完成，主要体现在清单组价工作量大、计价工作重复、造价信息不具备关联性等几个方面。清单组价即对每一个清单分项工程进行单价的确定，由于人工、材料、机械等资源价格有较强的地区性，使繁琐的组价成为继工程量之后的又一重要而庞大的工作。多次性计价是目前工程计价的一个显著的特点，也造成工程计价工作的重复和工作量增加。

BIM 技术的出现，在一定程度上缓解了工程计价工作的重复劳动，但更重要的是，它能对工程项目中的资源信息进行有机整合，将进度计划、资源使用计划、进度款支付等业务衔接起来，形成联动的效应。

BIM 计价，即利用 BIM 模型生成的工程量，结合计价规则和程序在计价软件辅助下形成各单位工程造价，并最终汇总为项目的工程造价。BIM 技术结合工程造价相关软件开发和应用，首先实现了 BIM 模型工程量的高效获取。其次，可将工程量数据直接导入 BIM 计价软件进行组价，计价结果自动与模型关联，形成预算模型并生成造价文件。在施工阶段预算模型与进度计划关联后形成 5D 模型，为工程造价的全过程管理提供了有效的途径，有利于推动工程计价与管理向精细化、规范化和信息化的方向快速发展。

值得注意的是，BIM 技术并未改变工程造价的计价原理，只是借助了 BIM 模型以及协同平台的优势，使工程计价过程变得更便捷和快速，计算结果更加直观和准确，提高了工程造价信息化管理水平。

由于项目建设的各个阶段工程造价管理目标和内容有所差异，因此，工程计价工作贯穿了项目建设各个阶段，计价深度随着项目的发展逐渐加深和精细化。与之对应，各阶段 BIM 模型从粗略到精细，储备的信息逐渐增多。在 BIM 模型的动态调整过程中，会自动更新工程数据信息，从而能及时且准确地获得各个阶段的工程量，为各阶段计价提供数据基础，并实现多算对比。

（四）BIM 计价特点

基于 BIM 的工程计价的特点主要体现在以下四方面：

①有利于提高投资估算精度和合理性。投资估算是项目规划阶段的一项重要工作，常采用单位指标估算法、类似工程造价资料类比法、系数估算等方法。投资估算精确度和合理性主要受到估算人员业务水平、专业素质以及工程造价实际经验的影响。利用 BIM 系统强大的数据统计功能，可最大限度获得已建项目的各类工程造价信息，并加以分析形成工程造价指标库。在项目规划阶段 BIM 模型基础上，运用可靠的数据指标可减少人为主观因素对投资估算的影响，保证投资估算的合理性。

②基于 BIM 的工程计量和计价一体化。基于 BIM 的工程算量软件通过内置的工程量计算规范和各地定额工程量计算规则，可迅速获取构件工程量。同时 BIM 模具中丰富的参数信息为工程量清单项目特征提供相关数据，顺利生成工程量清单。BIM 造价软件根据项目特征可以与预算定额进行匹配，完成一定程度上的自动组价功能，最终实现通过 BIM 平台关联模型工程量和单价。

③工程造价调整更加快捷。工程变更是影响工程造价的一个重要因素。基于

BIM 的工程计价模型能够对工程变更信息及时识别，并自动实现相关属性的变更。当工程变更产生时，BIM 模型能够重新完成工程量的更新，模型关联的工程量清单和定额组价数据即可发生相应变化，完成工程造价的调整。

④有助于工程项目成本管理。基于 BIM 的工程计价，不仅将工程造价的形成过程与项目三维模型直观联系在一起，形成 4D 模型，而且在工程建设过程中与进度计划相结合，形成 BIM5D 模型。BIM5D 模型可动态地显示工程的施工进度，指导材料计划、资金计划等精确、及时下达，并可对计划成本、实际成本和目标成本进行对比分析，实现项目成本的动态管理。

第三节　BIM 与工程造价应用工具

BIM 技术作为新技术、新思维，是以 BIM 模型为基础，涵盖整个设施从规划设计、建造、运营维护，一直到拆除的全生命周期的信息管理与应用技术。BIM 技术应用的基本条件包括三个方面：其一是方法，BIM 技术应用要有明确的目标和项目实施流程，要选择适合项目的工具软件，要有满足使项目顺利运行的法律、合同、培训等相关保证措施；其二是环境，BIM 技术应用需要有能相互配合、相互协作的 BIM 团队提供技术和协调支持，要有网络、云、服务器、工作站等平台环境，以及保证信息无缝传递；其三是工具，即服务于项目生命周期各阶段、各专业、各主体方的 BIM 软件，包括建模软件、计算分析软件以及模型应用软件等。

一、常用 BIM 软件

目前国内外 BIM 软件类型繁多，用于同一阶段同样功能的软件不胜枚举。国内 BIM 技术应用的软件主要分为 8 大类，分别应用在项目生命周期的各个阶段。

①核心建模设计软件；

②建模效率提升软件；

③模型分析软件；

④可视化软件；

⑤工程造价软件；

⑥协同设计软件；

⑦施工管理软件；

⑧运维管理软件。

在核心建模软件中，美国 Autodesk 公司的 Revit 是目前国内使用最为广泛的基础建模软件，广泛用于民用建筑和部分基础建造领域。Revit 是一个综合性的应用程序，其中包含适用于建筑设计、水、暖、电和结构工程以及工程施工的各项功能。它可帮助专业的设计和施工人员使用协调一致的基于模型的方法，将设计创意从最初的概念变为现实的构造。

在概念设计阶段 Revit 可用于项目创建体量，在前期设计时快速进行空间分析和能量分析，可以对曲面进行网格划分和建筑物楼层划分。Revit 更多地用在建筑设计阶段快速创建建筑模型和结构模型。但对于大型复杂的建筑结构模型创建，Revit 支持性较弱，通常需要借助其他第三方插件或采用其他设计软件来实现，而结构的力学分析也需要导出到其他软件里进行。

二、工程造价软件

工程造价软件利用 BIM 模型提供的信息进行工程量统计和造价分析。它可根据工程施工计划，动态提供造价需要的数据，即所谓 BIM 技术的 5D 应用。目前主要以国内传统造价软件演化的 BIM 造价软件为主。国外的 BIM 造价软件有 Innovaya 和 Solibri 等。

（一）广联达 BIM 造价软件

广联达 BIM 造价软件主要有 Revit GCL 插件、广联达 GCL 软件、广联达 GGJ 软件、广联达 GQI 软件、广联达 GDQ 软件以及广联达 BIM5D 软件等。

1. Revit GCL 插件

该插件可将设计软件 Revit 建筑、结构模型导出为广联达土建算量软件可读取的 HIM 模型。通过 GCL 直接将 Revit 设计文件转换为算量文件进行工程量计算。

2. 广联达 GCL 软件

广联达土建 IM 算量软件 GCL，通过三维绘图、识别二维 CAD 图建立 BIM 土建算量模型，结合工程量计算规范考虑构件之间的扣减关系，自动计算工程量，并打印工程量报表。

3. 广联达 GGJ 软件

广联达钢筋 BIM 算量软件 GGJ 内置国家结构相关规范和平法标准图集标准构造，通过三维绘图、导入 BIM 结构设计模型、二维 CAD 图识别等多种方式建立 BIM 钢筋算量模型，自动计算工程量。同时提供表格输入辅助钢筋工程量计算，替代手工钢筋预算。

4. 广联达 GQI 软件

广联达安装 BIM 算量软件 GQI 集成了 CAD 图算量、PDF 图算量、天正实体算量、MagiCAD 模型算量、表格算量、描图算量等多种算量模式，用于计算水、电、暖通等安装工程量。

5. 广联达 GDQ 软件

广联达精装算量软件 GDQ 是专业的装饰工程量计算软件，通过批量识别 CAD 图、描图算量、三维造型、表格输入等方式计算装饰工程量。软件报表可以按房间、材料等类别分类汇总，较为方便。

6. 广联达 BIM5D 软件

广联达 BIM5D 软件以 BIM 平台为核心，以多专业集成模型为载体，关联施工过程中的进度、合同、成本、质量、安全、物料等信息，实现项目的进度控制、成本管控、物料管理。

（二）斯维尔 BIM 造价软件

斯维尔提供涵盖设计院、房地产企业、施工企业、造价咨询企业、电子政务等领域全生命周期的 BIM 解决方案。斯维尔工具软件主要有设计类软件、工程造价类软件和工程管理类软件。工程造价类软件主要有三维算量 for CAD、三维算量 for Revit、安装算量 for CAD、安装算量 for Revit、清单计价软件以及斯维尔 BIM5D 软件等。

1. 三维算量 for CAD 软件

该软件是基于国际广泛使用的 AutoCAD 设计平台的建筑工程量算量软件。可进行手动三维模型布置和自动识别 CAD 图，快速生成二维构件工程量计算模型，并可将算量结果导入"清单计价"软件进行后续计价。

2. 三维算量 for Revit 软件

三维算量 for Revit 软件是集工程设计、工程预算、项目管理于一体的工程管理软件。三维算量 for Revit 软件基于 Revit 软件平台，将建筑装饰工程量计算规范融入算量模块中，实现直接利用 Revit 模型的算量功能。

3. 安装算量 for CAD 软件

软件基于 AutoCAD 平台，通过三维图形模型，利用构件相关属性和计算数据，实现给排水、通风空调、电气、采暖、消防等安装工程专业的工程量计算，安装工程中的构件直接在共享的土建模型中进行布置，可以直接对安装器材与器材、器材与土建结构构件进行碰撞检查，无须再次用其他软件和手段进行碰撞建模检查，是真正意义上的"BIM"系列建模软件。

4. 安装算量 for Revit 软件

软件基于 Revit 软件平台,将安装工程量计算规范融入算量模块中,实现直接利用 Revit 模型的算量功能。算量结果可直接导入"清单计价"软件,实现 BIM 数据传递。

5. 清单计价软件

可将土建算量软件和安装算量软件的输出数据直接导入到该软件中,使 BIM 数据传递系统包含工程量清单计价与传统定额计价两种模式,同时计算两套结果、打印两套报表。

6. 斯维尔 BIM5D 软件

基于 BIM 的项目管理平台,实现施工过程中的项目进度控制、成本管控、物资管控、安全管理等功能。

第四章　BIM 建筑与安装工程工程量

第一节　工程量计算原理

一、工程量计算思路

工程量的准确计算可以对工程建设进行投资控制。工程量是施工企业编制施工作业计划，合理安排施工进度，组织现场劳动力、材料以及机械的重要依据，是向工程建设投资方结算工程价款的重要依据。

为避免设计源头的设计模型和相关数据在工程量计算阶段因文件转换问题导致数据丢失，且充分体现 BIM "一模到底"的原则，以 Revit 软件为平台，结合国标清单规范以及地方定额工程量计算规则，利用三维算量 for Revit 和安装算量 For revit 软件，用户可以直接在设计源头用 Revit 设计绘制的房屋建筑和安装工程模型，在两个软件中打开，简单地赋予工程量计算所需的换算信息后，即可进行工程量的计算汇总，实现 BIM 应用真正意义上的数据信息传递。

二、工程量计算流程

斯维尔 BIM 工程量计算软件遵从步骤简化、方便易学的原则，只需以下几个步骤。

工程量计算流程说明：

①新建 / 打开工程：打开 Revit 设计模型。

②设置工程：选择计算模式和依据，根据 Revit 标高设置楼层信息。

③调整规则：根据个性化需要调整构件计算规则、输出规则以及其他选项。

④模型转换：调整转换规则，将设计模型转换为工程量计算分析模型。

⑤智能布置：布置二次结构、装饰等构件。

⑥检查模型：检测构件不同检查项，找出模型中存在的问题，辅助调整模型。

⑦套用做法：为构件手动挂接做法或依据原有做法库执行自动套挂做法。

⑧分析和统计：计算汇总工程量，查看计算式。

⑨输出、打印：输出、打印各类报表。

⑩导出结果数据文件到清单计价软件中。

三、基于 BIM 技术的建筑工程全生命周期造价管理

（一）基于 BIM 技术投资决策阶段的工程造价管理

投资决策阶段各项技术经济指标的确定，对该项目的工程造价有较大的影响。根据我国建设工程造价管理协会有关调研资料显示，在项目建设各阶段中，投资决策阶段对工程造价的影响最大，影响项目总造价的程度约 80% ~ 90%。因此，投资决策阶段项目决策的内容是决定工程造价的基础。目前投资决策阶段主流的工程造价咨询模式是通过积累基础资料和编制具体项目测算，对投资方案进行比选。

基于 BIM 技术辅助工程造价咨询可以带来项目造价分析效率的极大提升。工程造价咨询单位在投资决策阶段可以根据咨询委托方提供的不同项目方案，建立初步的建筑信息模型。BIM 数据模型的建立，结合可视化技术、虚拟建造等功能，为项目建设单位的模拟决策提供协助。工程造价咨询单位根据 BIM 模型数据，可以调用与拟建项目相似工程的造价数据，如该地区的人、材、机价格等，也可以输出已完成工程每平方米造价，高效、准确地估算出规划项目的总造价，为投资决策提供准确依据。

1. 基于 BIM 技术的投资造价估算

项目方案性价比高低的确定首先取决于方案的价格，快速准确地得到供决策参考的价格在比选中尤为关键。在投资决策阶段，工程造价咨询的工作主要是协助业主（建设单位）进行设计方案的比选，这个阶段的工程造价咨询往往不是对分部分项工程量、工程单价进行准确掌控，更多是基于单项工程为计算单元的项目造价的比选。此时强调的是"图前成本"。

BIM 技术的应用有利于历史数据的积累，基于这些数据可抽取造价指标，快速指导工程估算价格。例如，通过估算类似工程每平方米造价是多少，就可以估计投资这样一个项目大概需要多少费用。根据 BIM 数据库的历史工程模型进行简单调整，估算项目总投资，提高准确性。

BIM 技术的基础是模型以及赋予模型上的丰富信息，在项目前期、建造过程中，产生的经济、技术、物料等大量信息均存在于 BIM 模型中，这些历史项目的 BIM 模型数据非常详细、完整，而且有很强的可计算性。通过网络等提供的智能算法，

依靠充足的历史数据信息抽取不同类型工程的造价指标，并通过数据仓库技术对海量的历史项目 BIM 模型进行存储和管理，可以随时调用、组合，为后续项目的投资估算提供有效的信息支撑。

在投资估算时，可以直接在数据仓库中提取相似的历史工程的 BIM 模型，并针对本项目方案特点进行简单修改，模型是参数化的，每一个构件都可以得到相应的工程量、造价、功能等不同的造价指标。根据修改，BIM 系统自动修正造价指标。通过这些指标，可以快速进行工程价格估算。这样比传统的编制估算指标更加方便，查询、利用数据更加便捷。

2. 基于 BIM 技术的投资方案选择

在项目投资决策阶段，确定合理的项目方案至关重要，如 3 个亿的投资方案和 3000 万的投资方案进行对比，方案优劣看重的是性价比，"价值工程"工具就是一个比较性价比的有力工具。因此，除利用 BIM 技术快速准确确定各方案估算价格并进行价格对比之外，还需要确定各方案之间其他指标的对比，例如工程量指标、成本指标等，以此综合确定最优方案。

图纸介质是之前很多年收集工程数据的方法，并且基于这一介质进行关键指标的提取。Excel 保存的应用已经是一个进步，但是由于很多原因致使可以累积的数据量很小，历史数据因此具有较低的结构化程度、较低的可计算能力以及繁琐的积累工作。通过建立企业本身以及造价咨询行业的工程 BIM 数据库，造价咨询企业可对投资方案进行比较和选择，进而获取较大的价值。BIM 模型本身具有的构造建设数据、技术数据、工程量数据、成本数据、进度数据、应用数据可以在投资方案比较与选择时进行还原，并且可以以三维的模式展示出来。依据新项目的方案特征，可以对具有相似历史的项目模型进行抽离、更改与创新，并且立刻产生不同方案的模型。软件依据修改的内容，对几种造价方案的造价成本、工程总量进行运算，更加清晰地分析出不同方案的优劣。同时，基于模型可方便地进行调整，反复对比，大大提升了方案选择的效率，确定后的模型还可以用于后续的设计。

（二）基于 BIM 技术设计阶段的工程造价管理

在项目投资决策后，设计阶段就成为项目工程造价控制的关键环节之一。根据我国建设工程造价管理协会有关调研资料显示，设计阶段影响工程造价的程度约为 35% ~ 75%，工程造价咨询可以协助建设单位和设计单位提高设计质量、优化设计方案，对工程造价的控制具有关键的影响。

设计阶段包括初步设计、扩初设计和施工图设计三个阶段，相应设计的造价文件是初步设计概算、修正设计概算和施工图预算。在设计阶段，工程造价咨询可以利用 BIM 技术对设计方案提出优选或限额设计的专业咨询意见，并且利用 BIM 在设计模型的多专业碰撞检查、设计概算及施工图预算的编制管理和审核环节的应用，协助委托方实现对造价的有效控制。

1. 基于 BIM 技术的限额设计

工程建设项目的设计费虽仅占工程建安成本的约 1% ~ 3%，但设计决定了建安成本的 70% 以上，这说明设计阶段是控制工程造价的关键。设定限额可以促进设计单位有效管理，转变长期以来重技术、轻经济的观念，有利于强化设计师的节约意识，在保证使用功能的前提下，实现设计优化。限额设计就是利用计划投资成本倒推，将计划投资额分摊到各单项工程、单位工程、分部工程等。设计人员在相应限额内，结合业主的要求及设计规范选择合适的造型与结构。所以利用限额设计可以有效地进行成本控制。

传统手工算量和计价时代，做好限额设计是很困难的。

首先，由于设计单位的技术人员有限，且许多设计人员没有造价控制的概念，各设计专业之间的工作往往是割裂的，需要总图设计师反复协调。在没有完成完整设计之前，造价人员无法迅速、动态地得出各种结构的造价数据，供设计人员比选。因此，限额设计难以覆盖到整个设计专业。

其次，目前的设计方式使得设计图纸缺乏足够的造价信息，使得造价咨询工作无法和设计工作同步，并根据造价指标的限制进行设计方案的及时调整。全国各大中型设计单位虽然普及了三维技术，但强调的仍然是建筑物立体形状，并未形成结构化、参数化的数据，只有图视模型，没有工程造价咨询需要的可运算的构件材料量价信息，无法让设计师、造价工程师实时计算所设计单元的造价，无法及时利用造价数据对构件设计方案进行优化调整。

最后，目前设计阶段的工程造价咨询工作主要是完成后的，即在整个设计方案图设计完成时，工程造价咨询企业的人员才能根据设计方案出具设计概算，而无法在设计过程中与设计人员协同进行，造成限额设计被动实施，难以真正落实限额设计的工程造价咨询功能。设计限额是参考以往类似项目提出的，但是多数项目完成后没有进行认真的总结，造价数据也没有根据未来限额设计的需要进行认真整理校对，可信度低。

工程造价咨询企业利用 BIM 模型来测算造价数据，一方面可以提高测算的准确度，另一方面可以提高测算的精度。通过企业 BIM 技术数据库可以累计企业完成的所有咨询项目的历史指标，包括不同部位钢筋含量指标、混凝土含量指标、不同大类及不同区域的造价指标等。这些指标可以在设计之前为设计单位制定限额设计目标。在设计过程中，利用统一的 BIM 模型和交换标准，使得各专业可以协同设计，同时模型中丰富的设计指标、材料型号等信息可以指导造价软件快速及时得到造价或造价指标，及时按照限额目标进行设计修订。在设计完成后可以快速建立 BIM 模型并且核对指标是否在可控范围内。在 BIM 模型里，设计师和造价工程师在设计过程中可以对所设计构件的造价进行同步、快速模拟和计算，并以计算结果对构件方案进行优化设计调整。与传统的限额设计工作相比，BIM 技术更有利于实现限额设计的价值。

2. 基于 BIM 技术的设计概算

设计概算是在设计阶段，由工程造价咨询企业依据初步设计图纸，套用概算定额（设计阶段较粗口径的定额），初步估出工程建设费用，既能够实现成本的实时仿真和核算，还可以被管理工作使用，所有参与方可以在设计时进行协同工作，科学地预测项目的施工成本和建设时间进度。

此阶段强调的是"图后成本"。在传统的工程造价管理模式下，工程造价的控制无法在设计阶段得到体现，这是因为：第一，设计概算不能与成本预算解决方案建立起有效的连接。设计概算主要是依赖造价人员手工编制，编制的依据是国家或地方的概算定额。从时效性上讲，定额版本更新的速度很慢，难以满足市场的快速变化和发展，并且会出现信息量少、时效性差、可比性差和分类较粗等缺陷。这必然造成设计概算与工程实际造价的差别，使得设计人员在设计时并不能实现对设计阶段的造价控制。第二，设计阶段通过二维的计算机辅助设计软件所创建的设计图纸或数据，以及由此进行的概算数据无法与工程造价咨询所需的量价数据自动关联，在项目全生命周期管理中难以实现设计阶段数据与其他阶段数据的互通和共享利用。例如，在工程招标投标和施工阶段，工程造价咨询企业需要根据图纸与施工单位重新进行工程造价计算与核对工作，现行的设计概算信息经常与后续的计价、造价控制等环节脱节，导致出现数据信息难以共享的问题。

BIM 模型集 3D 模型、工程量、造价、工期等各个工程信息和业务信息于一体，可以有效解决设计概算以及后续阶段造价的控制作用。首先，基于 BIM 技术的设计概算能实时模拟和计算项目造价，出具的计算结果能被后续工作所利用，让项目的各参与方在设计阶段能够开展协同工作，轻松预见项目建设进度和所需资金，使项目各阶段、各专业较好地连接，避免设计与造价咨询脱节、设计与施工脱节等问题。其次，BIM 技术支持工程造价咨询从全生命周期角度对建设项目运用价值工程进行分析、评估各个设计方案的优劣，通过工程造价咨询服务协助业主和设计师制定更科学合理的可持续设计决策。因此，利用 BIM 技术不仅可以使造价咨询企业，也可以使其他参与方更好地解决设计阶段造价控制存在的问题。最后，基于 BIM 技术的设计概算，利用 BIM 技术的计算能力，快速分析工程量，通过关联 BIM 历史数据，分析造价指标，能帮助工程造价咨询从业人员更快速、准确地分析和计算设计概算，大幅提升精度和效率。

3. 基于 BIM 技术的碰撞检查

在建设项目实施过程中，经常会出现因为设计各专业间的不协调、设计单位与施工单位的不协调、业主与设计单位的不协调等问题产生的设计变更，这对造价控制会造成不利影响。BIM 技术在设计变更管理中最大的价值是，使项目各方都可以在实际实施之前直观地发现设计问题，及时修改，从源头减少因变更带来的工期和成本的增加。

利用 BIM 技术可以把各专业整合到同一平台，进行三维碰撞检查，可以发现存在的设计错误和不合理之处，为开展项目的工程造价咨询与管理提供有效支撑。碰撞检查不应单单用于施工阶段的图纸会审，在项目的方案设计、扩初设计和施工图设计中，除建设单位与设计单位外，工程造价咨询单位也可以利用 BIM 技术多次进行图纸审查。工程造价咨询人员可以通过集成建筑模型、结构模型、机电模型等，在同一三维环境中，自动识别各构件的碰撞，并进行标示和统计，协助建设单位和设计单位提高设计质量，通过及早发现和解决冲突来最大限度减少施工过程中的变更，减少无谓返工现象。

第二节　建筑和安装工程模型创建与编辑

一、模型创建

建设工程项目的 BIM 技术应用离不开模型，模型的生成有下列几种方式。

①已经有上游设计部门提供的设计模型时，用户可以直接对这个设计模型增加造价专业需要的相关信息，再经过分析计算，得到需要的工程量。

②只有二维施工图纸，同时具有委托方提供的用 CAD 软件绘制的电子图文件时，用户可以在工程量计算软件中使用"构件识别"功能，轻松快捷地将施工图中的构件转换为工程量计算模型。

③当只有纸质的二维施工图纸时，用户就只能根据图纸的内容手工建模。这

种方式也并不是没有好处，因为所有构件都是亲手布置的，所有数据清晰明了，计算出来的数据准确，用户放心。

以上三种模型生成方式不是一成不变的，三种方式在一个项目中是交叉使用的，用户应该细心体会。

工程项目的 BIM 应用强调信息互用，它是协调、合作的前提和基础。BIM 信息互用是指在项目建设过程中各参与方之间、各应用系统之间，对模型信息实行交换和共享。建筑和安装工程的三维模型是进行工程量计算的基础，从 BIM 应用和实施的基本要求来讲，工程量计算所需要的模型应该是直接利用设计阶段各专业模型进行的。然而在实际过程中，专业设计师对模型的深度要求极少（包含造价部分的信息），至少是不全面的，所以，设计阶段模型与用于工程造价管理所需模型是存在差异的，其主要包括以下内容：

①工程量计算所需要的信息在设计模型中有缺失，例如，设计模型没有内外脚手架搭设设计。

②某些设计简化表示的构件在工程量计算模型中没有体现，如做法索引表等。

③工程量计算模型需要区分做法而设计模型不需要，例如，内外墙设计在设计模型中不区分具体做法。

④用于设计 BIM 模型的软件与工程量计算软件计算方式有差异，例如，内外墙在设计 BIM 模型构件之间的交汇处，默认的几何扣减处理方式与工程量计算规则所要求的扣减规则不一样。

⑤钢筋计算所需的信息不会直接体现在构件中，如构件的抗震等级。

⑥设计模型中缺少所有施工措施信息，然而在造价成本中是必须要计算此部分内容的，例如，挖土方的放边坡、支挡土板，构件模板的材质、支撑方法等。

利用设计模型进行造价工程量计算的不利因素还有很多，这里不一一举例。因此，造价人员在利用设计模型进行造价工程量计算时，有必要通过相关软件将设计模型深化为工程量计算模型。从目前实际应用来看，由于设计包括建筑、结构、机电等多个专业，因此会产生不同的设计模型，这导致工程量计算工作也会产生不同的工程量计算模型，包括建筑模型、钢筋模型、机电模型等。不同的模型在具体工程量计算时是可以分开进行的，最终可以基于统一的 SFC 文件和 BIM 图形平台进行合成，形成完整的工程量计算模型，支持后续的造价管理工作。此处的 SFC 表示基于 Revit 的插件 uniBIM for Revit 生成的文件格式。

二、模型编辑

不论是承接上游设计单位的设计模型，还是用户自己依据施工图创建的算量模型（算量模型，是指使用 3DAr 进行模型映射后，可以直接进行汇总计算的房屋模型），由于建设工程 BIM 技术应用要经常对模型进行调整和变化，所以编辑模型也是操作的重要环节。

调整和改变模型涉及对构件的增加、删除，以至改变构件的几何尺寸，甚至房屋的轴网尺寸、楼层高度、构件的使用材料、施工措施、结构方式等。由于编辑模型是在已有模型的基础上操作，为避免操作失误，故此在对模型进行编辑时应该注意以下内容，否则输出结果将出现错误。

①增加、删除构件时，要将所有需要编辑的构件在计算机屏幕的界面中显示齐全，避免因构件显示不全而导致删除构件时留有残余构件，或增加构件时由于构件显示不全而造成与相关构件的连接不紧密或位置不对的情况。

②修改构件尺寸，特别是跨层构件修改时，应将计算机屏幕界面切分出一个三维界面，便于实时掌握该构件与上下楼层构件的接触关系。

③软件的"同编号原则"有利也有弊。例如，在布置钢筋时，"利"是在一个构件上布置钢筋，其余同编号的构件上同时也会布置上钢筋；"弊"是同编号的构件有时位置不同，其钢筋构造会有变化，这时要注意将不同位置的构件编号区分开，否则钢筋计算将会出错。

④构件的信息要设置完整。构件的信息有些是隐藏的，或者需要的信息不能在软件进行分析计算时得到，则必须人为地手动增加信息。如构件的材料信息，特别是同类构件之中有个别构件的材料不同时；又如构件的平面位置信息，特别是柱子，要分中柱、边柱、角柱，如果不指定清楚，则钢筋计算时就会出现错误。

三、基于 BIM 技术招标投标阶段的工程造价管理

在工程招标投标阶段，工程造价咨询的主要工作是为建设单位编制或审核招标工程量清单和招标控制价，以及拟定或审核招标文件中关于工程量清单和投标报价的条款等。在此阶段，清单工程量计算和清单项目特征描述是造价人员耗费时间和精力最多的工作。特别是在目前尚未完善的清单招标模式下，工程造价咨询既要为建设单位计算清单工程量，出具招标工程量清单；也要根据政府主管部门颁布的工程定额，计算定额消耗工程量，套用定额编制出招标控制价。由于计算规则不完全相同，两遍工程量计算得出的是不同的计算结果。由于招标时间一

般比较紧张，这就要求造价人员快捷、高效、精确地完成工程量的计算。这些单靠造价技术人员手工或算量计价软件是很难按时保质保量完成的，常常会出现清单漏项、工程量错算等问题，容易在施工阶段中，由于招标工程量清单的不准确导致发承包双方出现争议。而且随着现代建筑造型趋向于复杂化、艺术化，利用传统技术手工计算工程量的难度越来越大，快速、准确地形成工程量清单成为传统造价模式的瓶颈。

BIM 技术的推广和应用，使得工程造价咨询可以根据设计单位提供的具有详细数据信息的 BIM 模型，通过数据导入和参数设置快速精确计算工程量，编制准确的招标工程量清单，有效避免清单漏项和错算等情况，在计价软件导入准确的工程量信息之后，就可以快速地编制出准确的招标控制价，还可以留有足够的时间为建设单位拟定招标文件的相关条款，减少投标单位投机取巧的报价行为，帮助建设单位实现盈利。

（一）基于 BIM 技术的设计模型导入

对于工程造价咨询来说，各专业的 BIM 模型建立是应用的重要基础工作。BIM 模型建立的质量和效率直接影响后续的成效。模型的建立主要有以下三种途径：

①直接按照施工图纸重新建立 BIM 模型，这也是最基础、最常用的方式。

②如果可以得到二维施工图的 DWG 格式的电子文件，利用软件提供的识图转图的功能，可将 DWG 二维图转成 BIM 模型。

③复用和导入设计软件提供的 BIM 模型，产生 BIM 算量模型。这是从整个 BIM 流程来看最合理的方式，可以避免重新建模所带来的大量手工劳动及可能发生的错误。

为确保和提高数据交换和模型复用的效果，迫切需要有统一的数据标准来作为支撑。全球性建筑业的 IFC 标准（Industry Foundation Classes）是 IAI 组织（International Alliance of Interoperability）制定的面向建筑工程领域公开和开放的数据交换标准，可以很好地用于异质系统交换和共享数据。IFC 标准也是当前建筑业公认的国际标准，在全球得到了广泛的应用和支持。

各个软件以 IFC 作为数据交换的标准，兼容设计模型转换为算量模型的接口，可保证模型数据的有效交换。

在模型定义的要求上，还需要满足构件几何信息标准化和构件属性信息标准化。为了满足后续算量要求，也需要对设计软件中的构件进行分类，以及对构件元素的类别信息、属性信息与算量所需信息进行关联和对应，才能将设计软件模型转化为造价人员能够使用的算量模型。

目前，国内已有软件公司，如斯维尔、广联达、鲁班等正在努力进行设计模型和算量模型的数据接口开发，目的是将建设项目在设计与造价以及施工管理方面的BIM模型应用在数据传递方面做到平顺传递。这些公司通过多年的开发和经验积累，已经取得了一定成效。其中，广联达、鲁班的软件需要将设计模型通过IFC转换数据后导入算量软件再进行工程量计算，而斯维尔、晨曦的软件是直接基于Revit平台，因此不需要进行IFC数据转换，可以直接在软件中对设计模型进行工程量计算。随着国家逐步建立BIM应用标准，设计模型与算量模型最终将做到无缝连接，该项技术将逐步走向正规使用方向。

（二）基于BIM技术的工程算量

工程量计算是编制工程预算招标控制价的基础，相比于传统的计算方法，基于BIM的算量功能可以使工程量计算工作摆脱人为因素的影响，得到更加客观的数据。工程造价咨询可以利用BIM模型进行工程量的自动计算、统计分析，形成精准的招标工程量清单，有利于编制准确的招标控制价，提高建设单位项目招标工作的效率和准确性，并为后续的工程造价咨询和控制提供基础数据。

在经过了设计阶段的限额设计与碰撞检查等优化，设计方案进一步完善。造价工程师可以根据项目招标图纸进行招标工程量清单和招标控制价的编制。利用基于BIM技术和软件进行工程量计算，其主要步骤如下：

首先，建立算量模型。根据项目招标图建立建筑、结构和安装等不同专业算量模型，模型可以从设计软件导入，也可以重新建立算量模型。模型首先以参数化的结构为基础，包含构件的物理、空间、几何等信息，这些信息形成工程量计算的基础。

其次，设计参数。输入工程的一些主要参数，如混凝土构件的混凝土强度等级、室内地坪标高等。前者是作为混凝土构件自动套取做法的条件之一，后者是计算挖土方的条件之一。

再次，根据清单工程量或定额工程量的计算规定，在算量模型中针对构件类别套用工程做法，如混凝土、模板、砌体、基础都可以自动套取做法（定额）。再补充输入不能自动套取的做法，如装饰做法，门窗定额等。

自动套取可以依据构件定义、布置信息及相关设置自动找到相应的清单或者定额做法，并且软件可根据定义及布置信息自动计算出相关的附加工程量（模板草稿、弧形构件系数增加等）。

当前项目的招标控制价一般是依据地方或行业定额规定的定额工程量计算规

则、定额价格信息以及相关材料的信息价来编制，每个地区的定额库中均设置了自动套定额表，自动套定额表记录着每条定额子目和它可能对应的构件的属性、材料、量纲、需求等关系，其中量纲指体积、面积、长度、数量等，需求指子目适应的计算范围、增量等。软件通过判断三维建筑上的构件属性、材料、几何特征，依据自动套定额表完成构件和定额子目的衔接。按清单统计时需套取清单项以及对应消耗量子目的实体工程量。

最后，通过基于 BIM 技术的工程量软件自动计算并汇总工程量，输出项目招标工程量清单和招标控制价。由于利用 BIM 技术快速完成了工程量计算等基础性工作，工程造价咨询可以有足够的时间来根据项目的实际情况、算量计价的数据等，为建设单位研究和提供更好的招标条款和合同条款建议，协助建设单位顺利完成项目招标投标阶段的工作。

四、基于 BIM 技术施工阶段的工程造价管理

施工阶段的工程造价咨询工作，主要是以发承包双方签订的合同价作为施工阶段造价控制的目标值，通过进度款计量审核、工程变更审核管理等咨询工作，有效控制造价，协助委托方实现投资控制目标。

（一）基于 BIM 技术的施工进度计量与支付

我国现行工程进度款结算有按月结算、竣工结算、分段结算等多种方式。施工企业根据进度实际完成工程量，向业主提供已完成工程量报表和工程价款结算账单，经由业主委托的造价工程师和监理工程师确认，收取当月工程进度价款。在现行主流模式下，工程项目信息有些是基于 2D-CAD 图纸建立的，工程进度、预算、变更签证等基础数据分散在工程、预算、技术等不同管理人员手中，在进度款申请时很难形成数据的统一和对接，导致审核工程进度计量与支付工作难度增加，需要花大量时间去寻找和核对资料，难以及时并准确审定进度款。这使得工程进度款的申请和支付结算工作较为繁琐，造成工作量增加，以致影响其他管理工作的时间投入。正因如此，当前的工程进度款估算粗糙成为常态，最终导致超付或拖延支付，发承包双方经常花费很多时间在进度款争议中，而工程造价咨询又经常难以准确为业主方提供及时的咨询意见，从而增加项目管理的风险。

BIM 技术的推广与应用在进度计量和支付方面为工程造价咨询带来了很大的便利。BIM5D 可以将时间与模型进行关联，根据所涉及的时间段，如月度、季度，结合现场的实际施工进度，软件可以自动统计该时间段内容的工程量并汇总，形成进度造价文件，为业主方的工程进度计量和支付工作提供支持。

（二）基于BIM技术的材料成本控制

工程造价管理过程中，工程计划部分关于材料消耗的分析是较大的难点。在当前施工管理中，有一种现象是各个分项的成本不容易拆分，资金的投入与招标投标时的成本比对不上，最终在项目结束后才发现问题。通过以BIM技术为基础的5D施工管理软件可以把建筑的整体体现出来，通过模型与工程图纸等详细信息的集合，形成了包含有成本计算、计划进程、物力选材、机器装设等多维度的模型。目前BIM的细观尺度可细致到各个零部件组成单位，为工程量的计算提供更便捷的方法，以相关数据分析技术为基础，进行不同层次、不同空间的进度计划与成果总结。基于BIM技术的计划制定，工材设备的采选、施工计划的制定、成本控制的方法将会得到极大的改善，并会对工材设备的相关管理进行严格的控制。

（三）基于BIM技术的分包管理

现阶段普遍存在的分包管理会使任务分配出现较大的问题，数据的紊乱也经常导致重复施工的发生。结算过程同样会出现这样或那样的问题，最终导致工程量过多，致使总包与业主在工程量方面产生矛盾。基于BIM技术的分包管理将很好地解决传统模式存在的问题。

基于BIM模式下的派工单管理：BIM派工单管理系统能够大大减轻重复派工的错误，制定切实可行的用工过程，使整个过程在有条不紊且高速的条件下进行。派工单和BIM技术的结合可以减少派工过程中出现过多人为错误，保证分区派单，提高了流程的可行性与准确性。

分包单位工程款的结算和分包工程款管理：乙方需要把工程款支付给下游的分包单位。整个模式使施工单位与供应商或分包单位的角色发生了转变。传统工程造价管理模式下，在工程施工过程中，工作人员以及材料、设备、机械的计算方式和一直以来的固定金额等其他计算方式拥有不同的运算方法，单位不同工程款的单价依据就与预结算时会产生不一样的情况。正常情况下，管理人员的经验或者工程施工过程中的一些非标准规范决定了整个模式的改变和价格信息的取得，这也变成了成本管理与控制的暗处。所以，基于BIM模型的分包管理模式，按照分包合同的规定，确立合同清单与模型的联系，确定分包范围界限，一切遵循合同的规定进行计算，为最终的建设方与施工方结算提供一定的依据。

（四）基于BIM技术的工程变更审核与管理

随着现在工程项目规模和复杂度的不断增大，施工过程中对变更进行有效管理的需求变得越来越迫切。施工过程中产生变更会导致项目工期和成本的增加，而变更控制不当则会引起进一步变更，容易导致项目成本和工期目标处于失控状态。利用 BIM 技术可以最大限度减少设计变更，并且在设计阶段和施工阶段，各参建方可共同参与进行多次的三维碰撞检查和图纸审核，尽可能从变更产生的源头减少问题的发生。

当变更产生后，如何及时、准确计算变更所影响的工程量和造价是施工阶段开展工程造价咨询服务的重要内容，也是工作难点。

在目前主流的技术手段下，工程造价咨询实施工程变更管理工作时经常会遇到变更算量过程反复而凌乱等情况，导致工程量算不清，易漏量，底稿乱，不易追溯，变化展现不直观，无法及时有效地分析变更会引起哪些工程量变化（混凝土、钢筋、装修、土方），难以准确计算、分析、汇总变更前后的工程量及其造价变化程度。

工程造价咨询通过 BIM 技术可以将变更的内容在模型上进行直观调整，自动分析变更前后模型工程量变化（包括混凝土、钢筋、模板等工程量的变化），为变更计量提供准确可靠的数据，使得繁琐的手工计算变得智能便捷、底稿可追溯、结果可视化、形象化，造价技术人员在施工过程中以及结算阶段可以便捷、灵活、准确、形象地完成变更单的计量工作，化繁为简，防止出现由于漏算、少算、后期遗忘、说不清等问题造成的不必要的损失。

（五）基于 BIM 技术的签证索赔管理

传统工程造价管理模式下，作为业主和施工企业的博弈，工程签证和索赔是不可避免的内容，这是工程造价管理中一项重要工作，是造价咨询发挥其专业作用和价值的重要"舞台"。但在实际的施工过程中，签证、索赔的真实性、有效性、必要性的复核常常也是工程造价人员感到较为困难的事，人为干扰较大。只有规范和加强项目施工现场的签证管理，采取事前控制措施并提高签证质量，才能有效控制实施阶段的工程造价，保证建设资金得以高效利用。

对签证内容的审核，工程造价咨询可以利用 BIM 软件实现模型与现场实际情况的对比分析，通过虚拟三维的模型掌握实际偏差情况，从而审核确认签证内容的合理性。同时根据变更情况，利用基于 BIM 技术的变更算量软件对模型进行直接调整，软件可以自动、精确计算变更工程量，从而确定签证产生的工作量，根据对构件数据的拆分、组合、汇总确定工程量和所产生的费用。工程造价咨询可以利用 BIM 的可视化和强大的计算能力为建设单位进行签证咨询管理的工作，可以更快速、高效、准确地处理变更签证，减少发承包双方的争议。

五、基于 BIM 技术竣工结算阶段的工程造价管理

竣工阶段的竣工验收、竣工结算以及竣工决算，直接关系到建设单位与承包

单位之间的利益关系，关系到建设项目工程造价的实际结果。在竣工阶段进行的工程造价咨询工作主要内容是为建设单位审核施工单位提交的竣工结算书，出具竣工结算审核报告，协助建设单位确定建设工程项目最终的实际造价，即竣工结算价格，编制竣工决算文件，办理项目的资产移交。这也是确定单项工程量终造价，考核建设单位投资效益的依据。

在现行的工程结算程序里，工程量核对是结算中最繁琐的工作，工程造价咨询企业与施工单位需要按照各自工程量计算书对构件进行逐个核对。基于 2D-CAD 的竣工图纸，结算审核所涉及的过程资料体量极大，同时又往往由于单据的不完整而出现不必要的工作量。结算工作主要依靠手工或电子表格辅助，效率低、费时多、数据修改不便。发承包双方对施工合同及现场签证等理解不一致，以及一些高估冒算的现象和工程造价人员业务水平的参差不齐，都会导致竣工结算"失真"。

因此，工程造价咨询要改进工程量计算方法和结算资料的完整和规范性，对于提高结算审核质量，加快结算审核速度，减轻造价人员的工作量，增强审核、审定透明度都具有十分重要的意义。

工程造价咨询基于 BIM 技术的结算审核不但可提高工程量计算的效率和准确性，对于结算资料的完备性和规范性还具有很大的作用。在工程造价咨询服务过程中，随着项目相关的合同、设计变更、现场签证、计量支付、材料价格等信息不断录入和更新，BIM 模型数据库持续得到修改和完善，到竣工结算时，BIM 信息模型已完全可以表达竣工工程实体。

BIM 模型的准确性和过程记录的完备性有助于提高工程造价的结算审核效率，同时，通过 BIM 可视化的功能可以随时查看三维变更模型，直接调用变更前后的模型进行对比分析，避免在进行结算审核时因结算书描述不清楚而导致发承包双方索赔难度增加，减少双方争议的时间，加快结算办理速度。

六、基于 BIM 技术运营维护阶段的工程造价管理

工程的运营维护时期在全生命周期中所占比重是最大的，所以，要想实现工程项目成本降到最低，运营管理阶段的工程造价管控是关键，但目前我国大多数业主方在工程项目建设阶段结束后，便不再对项目进行工程造价管理，直接把管理业务移交于物业管理公司，为避免出现几十年后无人管理的现象，科学、持续的管理和监督是未来发展的趋势。

BIM 技术的应用对运营维护阶段的工程造价管理能力具有提高和促进作用。

利用 BIM 模型文档功能所建立的详细数据库能够实现从建设阶段到运营阶段的对接，根据已建项目的运行参数及维护信息进行实时监控，可以对设备的运行情况进行相关判断，并采取合理的管控措施，还能够根据监控数据对设施的性能、能源耗费、环境价值等进行评估管理，做好事前成本控制，以及制订设施报废后的解决方案。BIM 成本数据库可以自动保留全部相关数据，为以后类似项目提供相关参数信息。

七、基于 BIM 技术拆除阶段的工程造价管理

目前，由于建设项目建造前期并没有应用 BIM 技术，或有应用 BIM 技术的项目，但在现阶段还没有达到使用年限，也并不会涉及拆除问题。在理论上，建设项目达到使用年限进入拆除阶段后，所产生的建筑垃圾及其处理过程并不符合我国可持续发展战略，而 BIM 技术在拆除阶段的应用，可以从建设期、运营期所完善的模型中，按构件信息进行可回收或不可回收分类，然后进行拆除。基于 BIM 技术的应用对减少建筑垃圾、提高构件利用率以及后期整个项目后评价提供了良好的技术支持。

第三节　建筑和安装工程信息

一、模型深度及参数信息

模型的准确程度，除了模型本身外，还有信息的完整性和准确性。模型深度即一个 BIM 应用模型从最低级近似概念化的程度发展到最高级的演示级精度。在工程实施过程中，根据 BIM 应用的进展情况，设计单位或 BIM 咨询单位需向业主方和项目管理方分别进行若干次的模型提交。依据不同阶段的模型深度要求，国内应用较为普遍的建筑信息模型详细等级标准主要划分为五个级别，分别是 LOD 100、LOD 200、LOD 300、LOD 400、LOD 500；对于具体项目，用户也可自定义模型深度等级。目前 BIM 应用模型要达到工程量计算级别深度，其等级须达到 LOD 300 及以上，此阶段的模型应包含详细的几何尺寸、准确的形状、位置、材质、构件类型和数量、施工措施等相关信息。

二、模型信息维护标准

模型信息贯穿建筑项目全生命周期，为保证信息的延续性和完整性，在设计和创建 BIM 模型之初，就应该制定一套完整且可执行的模型信息维护标准。这套标准应遵循在初始模型的基础上，根据项目的各进展阶段，不断对模型和信息进行完善和更新的原则，进行二次深化、变更等，让模型和信息始终在 BIM 应用的正确范围内，模型和信息不可缺少，也不应冗余。

（一）原理

现实中将建筑信息模型中的信息分为两种，一种是内部信息，另一种是外部信息。内部信息是工程模型项目自带的信息，包括构件名称、构件的几何尺寸、构件的材质、构件的形状、体量、在模型中所处位置、结构类型等。外部信息是能对工程项目造成施工难易程度、工期进度、成本变化等的信息，如时间进度、施工措施、市场材料价格等。

根据工程项目的进展和应用要求的不同，内部信息可以转换为外部信息，反之外部信息也可以转换为内部信息。一般情况下，内部信息是必需的，外部信息可以视应用要求不同而有所取舍，如初步设计应用时并不非常关注工期进度。

（二）信息获取

对工程项目 BIM 造价专项的应用来说，信息主要来源于构件的属性。工程量计算软件中，构件信息的获取分为以下四种：

①编号确定：是指在软件中进行工程设置时随编号定义同时就需要将相关信息定义好的信息。

②布置确定：是指将构件布置到界面中得到的信息，如梁和墙体的长度，定义构件时只给出了梁和墙体的截面宽度和高度，其长度是布置到界面中而得到的。

③分析确定：是指模型中的构件通过软件运行分析后得到的数据，如墙体中需要扣减的门窗洞口，在模型未进行分析计算之前，布置的墙体中是没有扣减的门窗信息的（虽然在墙体中已布置有门窗洞口），只有通过分析计算后门窗洞口的面积才会加入到墙体之中，所以软件中构件的扣减或增加内容属于分析得到的内容。

④手工录入：是指直接在相关栏目中输入的属性值，此类属性值一般是工程名称、楼层信息、项目特征和指定扣减或备注说明等，其他内容以此类推。对于族名称以及族属性等信息，工程量计算软件可通过映射等方式进行自动获取，以确保工程量计算信息的正确性，完成最终的工程量计算。

三、建筑智能化中 BIM 技术的应用

BIM 是指建筑信息模型，利用信息化的手段围绕建筑工程构建结构模型，缓解建筑结构的设计压力。现阶段建筑智能化的发展中，BIM 技术得到了充分的应用，BIM 技术向智能建筑提供了优质的建筑信息模型，优化了建筑工程的智能化建设。

我国建筑工程正朝向智能化的方向发展，智能建筑成为建筑行业的主流趋势，为了提高建筑智能化的水平，在智能建筑施工中引入了 BIM 技术，专门利用 BIM 技术的信息化，完善建筑智能化的施工环境。BIM 技术可以根据建筑智能化的要求实行信息化模型的控制，在模型中调整建筑智能化的建设方法，以使建筑智能化施工方案能够符合实际的需求。

（一）建筑智能化中 BIM 技术特征

分析建筑智能化中 BIM 技术的特征表现，如：

①可视化特征，BIM 构成的建筑信息模型在建筑智能化中具有可视化的表现，围绕建筑模拟了三维立体图形，促使工作人员在可视化的条件下能够处理智能建筑中的各项操作，强化建筑施工的控制；

②协调性特征，智能建筑中涉及很多模块，如土建、装修等，在智能建筑中采用 BIM 技术，实现各项模块之间的协调性，以免建筑工程中出现不协调的情况，同时，还能预防建筑施工进度上出现问题；

③优化性特征，智能建筑中的 BIM 具有优化性的特征。BIM 模型提供了完整的建筑信息，优化了智能建筑的设计、施工，简化智能建筑的施工操作。

（二）建筑智能化中 BIM 技术应用

结合建筑智能化的发展，主要从以下三个方面分析 BIM 在智能建筑工程中的应用。

1. 设计应用

BIM 技术在智能建筑的设计阶段，首先构建了 BIM 平台，在 BIM 平台中具备智能建筑设计时可用的数据库，由设计人员到智能建筑的施工现场进行勘察，收集与智能建筑相关的数值，之后把数据输入到 BIM 平台的数据库内，此时安排 BIM 建模工作，利用 BIM 的建模功能，根据现场勘察的真实数据，在设计阶段构建出符合建筑实况的立体模型。设计人员在模型中完成各项智能建筑的设计工作，而且在模型中也可以评估设计方案是否符合智能建筑的实际情况。BIM 平台数据库的应用，在智能建筑设计阶段提供了信息传递的途径，拉近了不同模块设计人员的距离，避免出现信息交流不畅的情况，以便实现设计人员之间的协同作业。例如，智能建筑中涉及弱电系统、强电系统等，建筑中安装的智能设备较多时，

就可以通过 BIM 平台展示设计模型，在数据库内写入与该方案相关的数据信息，直接在 BIM 中调整模型弱电、强电以及智能设备的设计方式，以使智能建筑的各项系统功能均可达到目前规范的标准。

2．施工应用

在建筑智能化的施工过程中，工程本身会受到多种因素的干扰，增加了建筑施工的压力。现阶段建筑智能化的发展过程中，建筑体系表现出大规模、复杂化的特征，导致在智能建筑施工中的效率偏低，再加上智能建筑的多功能要求，更是增加了建筑施工的困难度。智能建筑施工时采用了 BIM 技术，可改变传统施工建设的方法，更加注重施工现场的资源配置。

3．运营应用

BIM 技术在建筑智能化的运营阶段也起到了关键的作用，智能建筑竣工后会进入运营阶段，分析 BIM 在智能建筑运营阶段中的应用，可维护智能建筑运营的稳定性。以智能建筑中的弱电系统为例，分析 BIM 技术在建筑运营中的应用。弱电系统竣工后，运营单位会把弱电系统的后期维护工作交由施工单位，此时弱电系统的运营单位无法准确地了解具体的运行情况，导致大量的维护资料丢失。运营中若采用 BIM 技术实现参数信息的互通，即使施工人员维护弱电系统的后期运行，运营人员也能在 BIM 平台中了解参数信息，同时 BIM 中专门建立了弱电系统的运营模型，采用立体化的模型直观显示运维数据，匹配好弱电系统的数据与资料，辅助提高后期运维的水平。

（三）建筑智能化中 BIM 技术发展

BIM 技术在建筑智能化中的发展，应该积极引入信息化技术，实现 BIM 技术与信息化技术的相互融合，确保 BIM 技术能够应用到智能建筑的各个方面。现阶段 BIM 技术已经得到了充分的应用，在智能化建筑的应用中需要做好 BIM 技术的发展，深化 BIM 技术的实践应用、满足建筑智能化的需求。信息化技术是 BIM 的基础支持，在未来发展中应规划好信息化技术，推进 BIM 在建筑智能化中的发展。

建筑智能化中 BIM 技术特征明显，规划好 BIM 技术在建筑智能化中的应用，同时推进 BIM 技术的发展，以使 BIM 技术能够满足建筑工程智能化的发展。BIM 技术在建筑智能化中具有重要的作用，着重体现在 BIM 技术辅助建筑工程实现了智能化，加强了现代智能化建筑施工的控制。

四、绿色建筑体系中 BIM 智能化的应用

由于我国社会经济的持续增长，绿色建筑体系逐渐走进人们视野。绿色建筑

即在全过程中，节约资源、保护环境、减少污染、为人们提供健康、适用、高效的使用空间，最大限度地实现人与自然和谐共生的高质量建筑。在绿色建筑体系当中，通过合理应用建筑智能化，不但能够保证建筑体系结构完整，其各项功能也能得到充分发挥。

（一）绿色建筑体系中科学应用建筑智能化的重要性

关于建筑智能化的定义，我们可以参考中国国家标准 GB 50314-2015《智能建筑设计标准》中对智能建筑的定义："以建筑物为平台，基于对各类智能化信息的综合应用，集架构、系统、应用、管理及优化组合于一体，具有感知、传输、记忆、推理、判断和决策的综合智慧能力，形成以人、建筑、环境互为协调的整合体，为人们提供安全、高效、便利及可持续发展功能环境的建筑"。建筑智能化的主要目的就是在满足建筑结构要求的前提之下，对建筑体系内部结构进行科学优化，为居民提供一个更加便利、宽松的生活环境。智能化建筑是对建筑内部资源的高效管理，是在不断降低建筑体系施工与维护成本的基础之上，以用户能够更好地体验和享受服务为标准。建筑智能化与普通建筑工程相比，各类建筑的灵活性较强。建筑智能化的定位是施工设备的智能化，并且将施工设备管理与施工管理进行有效结合，真正实现以人为本的目标。

由于我国居民生活水平的不断提升，绿色建筑得到了大规模的发展，在绿色建筑体系当中，妥善应用建筑智能化技术能够有效提升绿色建筑体系的安全性能与舒适性能，真正达到节约资源的目标，对建筑周围的生态环境起到改善作用。

（二）绿色建筑体系的特点

1. 节能性

与普通建筑相比，绿色建筑体系的节能性更加明显，能够保证建筑工程中的各项能源真正实现循环利用。例如，在某大型绿色建筑工程当中，设计人员通过将垃圾进行分类处理，保证生活废物得到高效处理，减少生活污染物的排放量。由于绿色建筑结构比较环保，居民的活动空间舒适，有效提升了人们的居住质量。

2. 经济性

绿色建筑体系具有经济性的特点，绿色建筑内部的各项设施比较完善，能够全面满足居民的生活、娱乐需求，促进居民之间的和谐沟通。为了保证太阳能的合理利用，有关设计人员结合绿色建筑体系特点，制定了合理的节水、节能应急预案，并结合绿色建筑体系运行过程中时常出现的问题，制定了相应的解决对策，在提升绿色建筑体系可靠性的同时，充分发挥该类建筑工程的各项功能，使得绿色建筑体系的经济性能得到更好的体现。

五、建筑电气与智能化的发展和应用

"建筑电气"是指建筑物中的变配电、照明、供电等。在建筑物中，电气设施是最基础的设施。"智能化"包括综合布线自动化、安全防范自动化、建筑设备监控自动化等在内的弱电部分，主要体现在智能、自动、节能、建筑物监控等方面。

建筑电气系统需要引起高度关注，只有确保所有建筑电气系统能够稳定有序地运行，进而才能够更好地保障智能化建筑应有功能的运行。在建筑电气和智能化建筑的发展中，电气系统当前受重视程度越来越高，尤其是伴随着各类先进技术手段的创新应用，建筑智能化各种系统的运行同样也越来越高效。但是针对建筑电气和智能化建筑的具体应用方式依然有待进一步探究。

（一）建筑电气和智能化建筑的发展

当前建筑行业的发展速度越来越快，不仅仅表现在施工技术的创新优化上，往往还和建筑工程项目中引入的大量先进设备和技术有关，尤其是对于智能化建筑的构建，更是在实际应用中表现出了较强的作用。对于智能化建筑的构建和应用而言，其往往表现出多方面优势，比如可以更大程度上满足用户的需求，体现更强的人性化理念，在节能环保以及安全保障方面，同样也具备更强的作用，成为未来建筑行业发展的重要方向。在智能化建筑施工构建中，各类电气设备的应用成为重中之重，只有确保所有电气设备能够稳定有序运行，进而才能够满足应有功能。建筑电气和智能化建筑的协同发展应该引起高度关注，以使智能化建筑可以表现出更强的应用价值。

在建筑电气和智能化建筑的协同发展中，智能化建筑电气理念成为关键发展点，也是未来我国住宅优化发展的方向。当然，伴随着建筑物内部电气设备的不断增多，相应智能化建筑电气系统的构建难度也同样增大，对于设计以及施工布线等都提出了更高要求。同时，对于智能化建筑电气系统中涉及的所有电气设备以及管线材料也应该加大关注力度，以求更好地维系整个智能化建筑电气系统的稳定运行，这也是未来发展和优化的重要关注点。

从现阶段建筑电气和智能化建筑的发展需求上来看，首先应该关注以人为本的理念，要求相应智能化建筑电气系统的运行可以较好符合人们提出的多方面要求，尤其是需要注重为建筑物居住者营造较为舒适的室内环境，可以更好提升建筑物居住质量；其次，在智能化建筑电气系统的构建和运行中还需要充分考虑到节能需求，这也是开发该系统的重要目标，需要促使其能够充分节约以往建筑电气系统运行中不必要的能源消耗，在更为节能的前提下提升建筑物运行价值；

最后，建筑电气和智能化建筑的优化发展还需要充分关注建筑物的安全性，能够切实围绕着相应系统的安全防护功能予以优化，确保安全监管更为全面，同时能够借助于自动控制手段形成全方位保护，进一步提升智能化建筑的实用价值。

（二）建筑电气与智能化建筑的应用

1. 智能化电气照明系统

在智能化建筑构建中，电气照明系统作为必不可少的重要组成部分应该予以高度关注，确保电气照明系统的运用能够体现出较强的智能化特点，可以在照明系统能耗损失控制以及照明效果优化等方面发挥积极作用。电气照明系统虽然在长期运行下并不会需要大量的电能，但是同样也会出现明显的能耗损失，以往照明系统中往往有 15% 左右的电力能源被浪费，这也就成为建筑电气和智能化建筑优化应用的重要着眼点。针对整个电气照明系统进行智能化处理需要首先考虑到照明系统的调节和控制，在选定高质量灯源的前提下，借助于恰当灵活的调控系统，实现照明强度的实时控制，如此也就可以更好地满足居住者的照明需求，同时还有助于规避不必要的电力能源损耗。虽然电气照明系统的智能化控制相对简单，但是同样也涉及了较多的控制单元和功能需求，比如时间控制、亮度记忆控制、调光控制以及软启动控制等，都需要灵活运用到建筑电气照明系统中，同时借助集中控制和现场控制，实现对智能化电气照明系统的优化管控，以便更好地提升其运行效果。

2. BAS 线路

建筑电气和智能化建筑的具体应用还需要重点考虑到 BAS 线路的合理布设，确保整个 BAS 运行更为顺畅高效，避免在任何环节中出现严重隐患问题。在 BAS 线路布设中，首先应该考虑到各类不同线路的选用需求，比如通信线路、流量计线路以及各类传感器线路，都需要选用屏蔽线进行布设，甚至需要采取相应产品制造商提供的专门导线，以避免在后续运行中出现不畅等故障现象。在 BAS 线路布设中还需要充分考虑到弱电系统相关联的各类线路连接需求，确保这些线路的布设更为合理，尤其是对于大量电子设备的协调运行要求，更是应该借助于恰当的线路布设予以满足。另外，为了更好地确保弱电系统以及相关设备的安全稳定运行，往往还需要切实围绕着接地线路进行严格把关，确保各方面的接地处理都可以得到规范执行，除了传统的保护接地，还需要关注弱电系统提出的屏蔽接地以及信号接地等高要求，对该方面线路电阻进行准确把关，避免出现接地功能受损问题。

3. 弱电系统和强电系统的协调配合

在建筑电气与智能化建筑构建应用中，弱电系统和强电系统之间的协调配合同样也应该引起高度重视，避免因为两者间存在的明显不一致问题，影响到后续各类电气设备的运行状态。在智能化建筑中做好弱电系统和强电系统的协调配合需要首先分析两者间的相互作用机制。对于强电系统中涉及的各类电气设备进行充分研究，探讨如何借助于弱电系统予以调控管理，以使其可以发挥出理想的作用价值。比如在智能化建筑中进行空调系统的构建，就需要重点关注空调设备和相关监控系统的协调配合，使空调系统不仅可以稳定运行，还能够有效借助于温度和湿度传感器进行实时调控，以便空调设备可以更好地服务室内环境，确保智能化建筑的应用价值得到进一步提升。

4. 系统集成

对于建筑电气与智能化建筑的应用而言，因为其弱电系统相对较为复杂，往往包含多个子系统，所以必然需要更多围绕着这些弱电项目子系统进行有效集成，确保智能化建筑运行更为高效稳定。基于此，为了更好地促使智能化建筑中涉及的所有信息都能够得到有效共享，应该首先关注各个弱电子系统之间的协调性，尽量避免相互之间存在明显冲突。当前智能楼宇集成水平越来越高，同样也存在着一些缺陷，有待进一步优化与完善。

在当前建筑电气与智能化建筑的发展中，为了更好地提升其应用价值，往往需要重点围绕着智能化建筑电气系统的各个组成部分进行全方位分析，以形成更为完整协调的运行机制，切实优化智能化建筑应用。

六、建筑智能化系统集成设计与应用

随着社会不断进步，建筑的使用功能获得极大丰富，从开始单纯为人们遮风挡雨，到现在协助人们完成各项生活、生产活动，其数字化水平、信息化程度和安全系数受到了人们的广泛关注。

由此可以看出，建筑智能化必将成为时代发展的趋势和方向。如今，集成系统在建筑的智能化建设中得到了广泛应用，引起建筑质的变化。

（一）现代建筑智能化发展现状

智能建筑是建筑智能化系统实施运用的产物，建筑智能化系统是指在建筑内以综合布线为基本传输媒质，以计算机网络（主要是局域网，包括硬件和软件）为主要通信和控制手段，对各类子系统通过智能化系统集成进行综合配置和综合管理，形成一个设备和网络、硬件和软件、控制管理和提供服务有机综合于一体的综合建筑环境。

我国智能建筑产业以计算机、通讯、现代控制技术及设备的研发生产为方向，从信息产业、设备材料行业、智能建筑软硬件以及系统集成环节着手，在下游建筑业尤其是房地产业，如办公建筑、商业建筑、文化建筑、医院建筑、学校建筑、住宅建筑和工业建筑等进行应用。

科学技术的进步推动了建筑行业的改革与发展。近年来，我国的智能化建筑领域呈现出良好的发展态势，并且其在设计、结构、使用等方面与传统建筑之间存在明显差别，因此备受人们的关注。

如今，我们已经进入了网络时代，建筑建设也逐渐向集成化和科学化方向发展。智能建筑全部采用现代技术，并将一系列信息化设备应用到建筑设计和实际施工中，使智能建筑具有强大的实用性功能，进而为人们的生产生活提供更为优质的服务。

现阶段，各个国家对智能建筑均持不同的意见与看法，我国针对智能建筑也颁布了一系列的政策与标准。总的来说，智能建筑发展必须以信息集成技术为支撑，各软件系统开发商瞄准时机、深入发展，而如何实现系统集成技术在智能建筑中的良好应用，提高用户的使用体验，就成了建筑行业亟须研究的问题。

（二）建筑智能化系统集成目标

建筑智能化系统的建立，首先需要确定集成目标，而这个目标通常是居住条件具有安全、舒适、环保、科学、高效的特点，达到投资合理，适应社会生产生活需要。目标是否科学合理，对建筑智能化系统的建立具有决定性意义。在具体施工中，经常会出现目标评价标准不统一，或是目标不明确的情况，进而导致承包方与业主出现严重的分歧，甚至出现工程返工的情况，这造成了施工时间与资源的大量浪费，给承包方造成了大量的经济损失，同时业主的居住体验和系统性能价格同比也会直线下降，并且业主的投资也未能得到相应的回报。

建筑智能化系统集成目标要充分体现操作性、方向性和及物性的特点。其中，操作性是决策活动中提出的控制策略，能够影响与目标相关的事件，促使其向目标方向靠拢。方向性是目标对相关事件的未来活动进行引导，实现策略的合理选择。及物性是指与目标相关或是目标能直接涉及的一些事件，并为决策提供依据。

（三）建筑智能化系统集成的设计与实现

1. 硬接点方式

如今，智能建筑中包含许多的系统方式，一个简单的例子是在某一系统设备中通过增加该系统的输入接点、输出接点和传感器，再将其接入另外一个系统的输入接点和输出接点来进行集成，通过人们简单的开关信号的传递，即可开启智能生活。该方式得到了广泛应用，尤其在需要传输紧急、简单的信号系统中最为常用，如报警信号等。硬接点方式不仅能够有效降低施工成本，而且为系统的可靠性和稳定性提供保障。

2. 串行通信方式

串行通信方式是一种通过硬件来进行各子系统连接的方式，是目前较为常用的手段之一。其较硬接点方式来说成本更低，且大多数建设者也能够依靠自身技能来实现该方式的应用。通过应用串行通信的方式，可以对现有设备进行改进和升级，并使其具备集成功能。该方式是在现场控制器上增加串行通信接口，通过串行通信接口与其他系统进行通信，但该方式需要根据使用者的具体需求来展开研发，针对性很强。同时，其需要通过串行通信协议转换的方式来进行信息的采集，通信速率较低。

3. 计算机网络

计算机是实现建筑智能化系统集成的重要媒介。近年来，计算机技术取得了迅猛的发展与进步，给人们的生产生活带来了极大的便利。建筑智能化系统生产厂商要将计算机技术充分利用起来，设计满足客户需求的智能化集成系统，例如保安监控系统、消防报警、楼宇自控系统等，将其通过网络技术进行连接，达到系统间互相传递信息的作用。通过应用计算机技术和网络技术，减少了相关设备的大量使用，并实现了资源共享。这充分体现了现代系统集成的发展与进步，并且在信息速度和信息量上均体现出了显著的优势。

4. OPC 技术

OPC 技术是一种新型的具有开放性的技术集成方式，若说计算机网络系统集成是系统的内部联系，那么 OPC 技术是更大范围的外部联系。通过应用计算机技术，能够促进各个商家间的联系，而通过构建开放式系统，例如围绕楼宇控制系统，能够促使各个商家、建筑的子系统按照统一的发展方式和标准，通过网络管理、协议的方式为集成系统提供相应的数据，时刻做到标准化管理。同时，通过应用 OPC 技术，还能将不同供应商所提供的应用程序、服务程序和驱动程序做集成处理，使供应商、用户均能在 OPC 技术中感受到其带来的便捷。此外，OPC 技术还能作为不同服务器与客户的连接桥梁，为两者建立一种链接关系，并显示出其简单性和规范性的特点。在此过程中，开发商无须投入大量的资金与精力来开发各类硬件系统，只需开发一个科学完善的 OPC 服务器，即可实现标准化服务。由此可见，基于标准化网络，将楼宇自控系统作为核心的集成模式，具有性能优良、经济实用的特点，值得广为推荐。

（四）建筑智能化系统集成的具体应用

1. 设备自动化系统的应用

实现建筑设备的自动化、智能化发展，为建筑智能化提供了强大的发展动力。所谓的设备自动化就是指实现建筑对内部安保设备、消防设备和机电设备等的自动化管理，如照明、排水、电梯和消防等相关的大型机电设备。相关管理人员必须要对这些设备进行定期检查和保养，保障其正常运行。实现设备系统的自动化，可大大提高建筑设备的使用性能，并保障设备的可靠性和安全性，对提升建筑的使用功能和安全性能起到关键的作用。

2. 办公自动化系统的应用

通过办公自动化系统的有效应用，能够大大提高办公质量与效率，并极大地改善办公环境，避免出现人工失误，进而能够及时、高效地完成相应的工作任务。办公自动化系统通过借助先进的办公技术和设备，对信息进行加工、处理、储存和传输，较纸质档案来说更为牢靠和安全，并大大节省了办公的空间，降低了成本投入。同时，对于数据处理问题，通过应用先进的办公技术，信息加工变得更为准确和快捷。

3. 现场控制总线网络的应用

现场控制总线网络是一种标准的开放的控制系统，能够对各子系统数据库中的监控模块进行信息、数据的采集，并对各监控子系统进行联动控制，主要通过 OPC 技术、COM/DCOM 技术等标准的通信协议来实现。建筑的监控系统管理人员可利用各子系统来进行工作站的控制，监视和控制各子系统的设备运行情况和监控点报警情况，并实时查询历史数据信息，同时进行历史数据信息的储存和打印，再设定和修改监控点的属性、时间和事件的相应程序，并干预控制设备的手动操作。此外，对各系统的现场控制总线网络与各智能化子系统的以太网还应设置相关的管理机制，保证系统操作和网络的安全管理。

综上所述，建筑智能化系统集成是一项重要的科技创新，极大地满足了人们对智能建筑的需求，让人们充分体会到智能化所带来的便捷与安全。同时，建筑智能化也对社会经济的发展起到了一定的促进作用。如今，智能化已经体现在生产生活的各个方面，并成为未来的重要发展趋势。对此，国家应大力推动建筑智能化系统集成的发展，为人们营造良好的生活与工作环境，促进社会和谐与稳定。

七、智能楼宇建筑中智能化技术的应用

经济城市化水平的急剧发展带动了建筑业的迅猛发展，在高度信息化、智能化的社会背景下，建筑业与智能化的结合已成为当前经济发展的主要趋势，在现代建筑体系中，已经融入了大量的智能化产品，这种有机结合建筑，增添了楼宇的便捷服务功能，给用户带来了全新的体验。

楼宇智能化技术作为新世纪高新技术与建筑的结合产物，其技术设计多个领域，不仅需要有专业的建筑技术人员，更需要懂科技、懂信息等科技人才相互协作，才能确保楼宇智能化的实现。楼宇智能化设计中，对智能化建设工程的安全性、质量和通信标准要求极高。只有全面地掌握楼宇建筑详细资料，选取适合楼宇智能化的技术，才能建造出多功能、大规模、高效能的建筑体系，从而为人们创建更加舒适的住房环境和办公条件。

（一）智能化楼宇建设技术的现状概述

在建筑行业中使用智能化技术，是集结了先进的科学智能化控制技术和自动通信系统，是人们不断改造利用现代化技术，逐渐优化楼宇建筑功能，提升建筑物服务的一种技术手段。我国作为国际上具有实力和发展潜力的大国，针对智能化在建筑物中的应用进行了细致的研究和深入的探讨，最终制定了符合中国标准的智能化建筑技术的相关规定和科学准则。在国家经济的全力支撑下，智能化楼宇如春笋般遍地开花。国家相关部门进行综合决策，制定了多套符合中国智能化建设的法律法规，使智能化楼宇技术在审批中、建筑中、验收时的各个环节都能有适用的法律法规，这对智能化建筑在未来的发展给予了重大帮助和政策支撑。

（二）楼宇智能化技术在建筑中的有效应用

1. 机电一体化自控系统

机电设备是建筑中重要的系统，主要包括楼房的供暖系统、空调制冷系统、楼宇供排水体系、自动化供电系统等。楼房供暖与制冷系统调控系统借助于楼宇内的自动化调控系统，能够根据室内环境的温度，开展一系列的技术措施，对其进行功能化、标准化的操控和监督管理。同时系统能够通过自感设备对外界温湿度进行精准检测，并自动调节，进而改善整个楼宇内部的温湿条件，为人们提供更高效、更适宜的服务体验。当楼宇供暖和制冷系统出现故障时，自控系统能够寻找到故障发生根源、并及时进行汇报，同时也可实现自身对问题的调控，将问题的影响降到最低。

供排水自控系统：楼宇建设中供排水系统是最重要的工程项目，为了使供排

水系统能够更好地为用户服务，可以借助自控制系统对水泵系统进行 24 小时的监控，当出现问题故障时，能够及时报警。同时，其监控系统，能够根据污水的排放管道的堵塞情况、处理过程等方面实施全天候的监控与管理。此外，自控制系统能够实时监测系统供排水系统的压力负荷，压力过大时能够及时减压处理，保障供排水系统在一定的掌控范围中，最大程度地减少供排水系统故障出现的频率。

电力供配自控系统：智能化楼宇建设中最大的动力来源就是"电"。因此，合理地控制电力的供给和分配是实现智能化建筑楼宇技术效果的重中之重。在电力供配系统中增添控制系统，实现全天候的检测，能够准确把握各个环节，确保整个系统能够正常地运行。当某个环节出现问题时，自控系统能够及时地检测出，并自动生成程序解决供电故障，或发出警报信号，提醒检修人员进行维修。该系统能够实现对电力供配系统的监控主要依赖于传感系统发出的数据信息与预报指令，根据系统做出的指令，能够及时切断故障的电源，控制该区域的网络运行，从而保障电力系统的其他领域安全工作。

2. 防火报警自动化控制系统

搭建防火报警系统是现代楼宇建设中最重要的安全保障系统，对于智能化楼宇建筑而言，该系统的建设具有重大意义。由于智能化建筑中需要大功率的电子设备来支撑楼宇各个系统的正常运转，在保障楼宇安全的前提下，消防系统的作用至关重要。当某一个系统中出现短路或电子设备发生异常时，就会出现跑电、漏电等现象，若不能及时对其进行控制，很容易引发火灾。防火报警系统能够及时地检测出排布在各个楼宇系统中的电力运行状态，并实施远程监控和操作。一旦发生火灾，便可自动做出消防措施，同时发出报警信号。

3. 安全防护自控系统

现代楼宇建设中，设计了多项安全防护系统，其中包括：楼宇内外监控系统、室内外防盗监控系统、闭路电视监控。楼宇内外监控系统是对进出楼宇的人员和车辆进行自动化辨别，确保楼宇内部安全的第一道防线，这一监测系统包括门禁卡辨别装置、红外遥控操作器、对讲电话设备等。进出人员刷门禁卡时，监控系统能够及时地辨别出人员的信息，并保存于计算机系统中，待计算机对其数据进行辨别后，传出进出指令。室内外防盗监控系统主要通过红外检测系统对其进行辨别，发现异常行为后能够自动报警。闭路电视监控系统是现代智能化楼宇中常用的监测系统，通过室外监控进行人物成像，并进行记录、保存。

4. 网络通信自控系统

网络通信自控系统是采用 PBX 系统对建筑物中声音、图形等进行收集、加工、合成、传输的一种现代通信技术，它主要以语音收集为核心，同时也连接了计算机数据处理中心设备，是一种集电话、网络于一体的高智能网络通信系统，通过卫星通信、网络的连接和广域网的使用，将收集到的语音资料通过多媒体等信息技术传递给用户，实现更高效便捷的通信与交流。

在信息技术迅猛发展的今天，智能化技术必将广泛应用于楼宇的建筑中，这项将人工智能与建筑业有机结合的技术是现代建筑的产物，在这种建筑模式高速发展的背景下，传统的楼宇建筑技术必将被取代。这不仅是时代向前发展的决定，同时，也是人们的未来住房功能和服务的要求，在未来的建筑业发展中，实现全面的智能化，为建筑业提供了发展的方向。此外，随着建筑业智能化水平的日渐提升，为各大院校的从业人员也提供了坚实的就业保障和就业方向。

第四节　BIM 建筑与装饰计算原理

一、"虚拟施工"建模

利用计算机进行建筑与装饰工程量计算，是在计算机中采用"虚拟施工"的方式，建立精确的工程量计算模型，来进行工程量的计算。这个模型可以是承接上游设计部门的设计模型，也可以是造价人员根据施工图创建的模型。模型中不仅包含工程量计算所需的所有几何信息、构件的材料及施工做法信息，同时也包含混凝土结构施工图，平面整体表示方法制图规则和构造详图标准图集（以下简称"平法图集"）要求的构件结构以及计算钢筋的所有信息。

在"工程量计算模型"中的柱、梁、板、墙、门窗、楼梯等构件，其名称同样与建筑专业一致。通过在计算机中对这些构件进行准确布置和定位，模型中所有的构件都具有精确的形体和尺寸。

生成各类构件的方式同样也遵循工程的特点和习惯。例如，楼板是由墙体或梁、柱围成的封闭形区域形成的，当墙体或梁等支撑构件精确定位后，楼板的位置和形状也就确定了。同样，楼地面、顶棚、屋面、墙面装饰也是通过墙体、门窗、柱围成的封闭区域生成的轮廓构件，从而获得楼地面、顶棚、屋面、墙面装饰工程量。对于"轮廓、区域"型构件，软件可以自动找到这些构件的边界，自动生成这些构件。

二、使用 Revit 或 CAD 平台

为使 BIM 技术在工程项目中得到很好的应用，软件公司将工程量计算软件与 Revit 或 CAD 软件紧密连接，一是让数据信息得到顺畅和准确的传递，二是使以 Revit 或 CAD 为平台的工程量计算软件操作起来简单方便且通用，同时数据计算准确，满足异形构件模型的建立。另外，要完成 BIM 技术应用，工程量计算软件从源头上就应与专业设计软件 Revit 或 CAD 实行信息共享。

三、内置的工程量计算规则

工程量计算软件在研发时就已经按照全国各地区定额内置好工程量计算规则。在软件"计算依据"中选择一套定额，就表示选择好了一套工程量计算的输出规则。如果软件内已定义的计算规则不适用或个别构件需要特殊输出，只需对计算规则进行重新定义或对构件工程量进行指定，就可以按新的定义输出工程量。

在工程量计算模型中，已将一栋建筑物细分为无数个不同类型的构件，并赋予了每个构件所有工程量计算方面的属性，将每个构件在工程量计算中所能用到的信息都通过相关属性记录下来，然后通过计算机的工程量输出指定机制，将工程量按照用户需要的模式输出，完成工程量的计算。

正常情况下，对于每个构件在工程量计算中所能用到的信息，软件会根据构件的相关属性和特点，通过多种方式自动生成。例如，在计算梁、柱相接的柱模板面积时，软件会自动分析出梁、柱相接触部位的面积值，并自动保存到相关的数据表中，当用户需要得到该柱的模板面积值时，程序只需将该柱的"侧面积值"按照工程量计算规则加减梁、柱之间的"接触面积值"，就能得出柱子的模板工程量。

软件提供了灵活的清单和定额挂接以及工程量输出机制，保障了工程量统计的方便、快捷。在工程量计算模型中，是以每个构件作为组织对象，分别赋予相关的属性，为后面的模型分析计算、统计以及报表提供充足的信息来源。

构件属性是指构件在工程量计算模型中被赋予的与工程量计算相关的信息，主要分为 6 类。

①物理属性：是指构件的标识信息，如构件编号、类型、特征等。

②几何属性：是指与构件本身几何尺寸有关的数据信息，如长度、高度、厚度等。

③施工属性：是指构件在施工过程中产生的数据信息，如混凝土的搅拌制作及浇捣、所用材料等。

④计算属性：是指构件在工程量计算模型中，经过程序的处理产生的数据结果，如构件的左右侧面积，钢筋锚固长度、加密区长度等。

⑤其他属性：所有不属于上面四类属性之列的均属于其他属性，可以用来扩展输出换算条件，如用户自定义的属性、轴网信息、构件中的备注等。

⑥钢筋属性：是指在进行钢筋布置和计算时所用的信息，如环境类别、钢筋的保护层厚度等。

以上构件的这 6 类属性，有些是系统自动生成的，而有些需要用户手动指定。在工程量计算模型中可以使用"构件查询"功能，对选中的构件进行属性值查询和修改。

在同一工程、同一楼层的工程量计算模型中，名称相同的构件应该具有相同的属性值，不同楼层也可以有相同的构件编号。如柱随层高而变截面，截面不同，则编号不同；但门窗、洞口的编号所有楼层通用，不按楼层区别编号。

四、工程量计算模型创建步骤

①各类构件模型创建：首先是确定柱、墙、梁、基础等结构骨架构件在工程量计算模型中的位置，然后根据这些骨架构件所处位置和封闭区域，确定门窗洞口、过梁、板、房间装饰等其他区域类构件和寄生类构件。

②定义每种构件的清单和定额属性。在工程量计算模型中创建的各类构件，其实就是将构件的工程量属性值录入到工程量计算模型中，而给每个构件指定施工做法（即清单和定额）就是定义一种工程量的输出规则。将构件按照要求给定归并条件，通过计算分析之后，有序地将构件工程量进行统计汇总，最终得到所需的工程量清单。

上述两方面的工作可独立进行，也可交叉进行。可以完全不考虑构件的做法信息，先进行构件工程量计算模型建模，之后再定义构件的做法（即清单或定额）；在定义构件属性值过程的同时，定义构件的做法，在布置构件时，同时将做法信息一同布置。

③为钢筋混凝土构件布置钢筋。钢筋在软件中是通过在构件中关联钢筋描述和钢筋名称，然后结合钢筋描述中的钢筋直径、等级和分布情况，再利用钢筋名称中指定的长度和数量计算式变量，直接关联到构件的几何尺寸、抗震等级、材料等信息来计算构件钢筋工程量。构件几何尺寸和属性一旦发生改变，钢筋工程量自动随之改变。在工程量计算模型中钢筋表现为两种形式：图形钢筋和描述钢筋。板和履板钢筋是图形钢筋，以图形分布的形式在工程量计算模型中表现；梁、柱、

墙等构件的钢筋称为描述钢筋，表现在工程量计算模型中的是设计图上的钢筋描述。

在没有上游设计单位提供的设计模型时，造价人员需要自己创建工程量计算模型。创建工程量计算模型时，应遵循以下三个原则。

①电子图文档识别构件或构件定义与布置，应充分利用软件中的电子图文档智能识别功能，快速完成建模工作。如果没有电子图文档，则要按施工图模拟布置构件。在布置构件时，需要先定义构件的一些相关属性值，如构件的编号、所用材料、构件的截面尺寸等，然后再到计算机屏幕上布置相应的构件。

②用图形法计算工程量的构件，必须将构件绘制到工程量计算模型中。在计算工程量时，工程量计算模型中找不到的构件是不会计算工程量的，尽管可能已经定义了它的有关属性值。

③工程量分析统计前，应进行合法性检查。为保证构件模型的正确性、合理性，软件提供了强大的检查功能，可以检查出模型中可能存在的错误。

第五章　施工阶段和竣工阶段 BIM 造价应用

第一节　工程结算的基础知识

工程结算是指发承包双方根据国家有关法律、法规规定和合同约定，对合同工程实施中、终止时、已完工后的工程项目进行的合同价款计算、调整和确认。工程结算有工程定期结算、工程分段结算、工程年终结算和工程竣工结算等形式。

严格意义上讲，工程定期结算、工程分段结算、工程年终结算都属于工程施工过程结算。

工程竣工结算是指工程项目完工并经竣工验收合格后，发承包双方按照施工合同的约定对所完成的工程项目进行的合同价款的计算、调整和确认。工程竣工结算分为建设项目竣工总结算、单项工程竣工结算和单位工程竣工结算。单项工程竣工结算由单位工程竣工结算组成，建设项目竣工结算由单项工程竣工结算组成。

一、工程结算概述

（一）工程结算的概念和重要性

工程结算是指施工企业按照承包合同和已完合格工程量向建设单位（业主）办理工程价款清算的经济文件。

（二）编制依据

1. 工程结算编制依据

①国家有关法律、法规、规章制度和相关的司法解释。

②国务院建设行政主管部门以及各省、自治区、直辖市和有关部门发布的工程造价计价标准、计价办法、有关规定及相关解释。

③施工方承包合同、专业分包合同及补充合同，有关材料、设备采购合同。

④招投标文件，包括招标答疑文件、投标承诺、中标报价书及其组成内容。

⑤工程竣工图或施工图、施工图会审记录，经批准的施工组织设计，以及设计变更、工程洽商和相关会议纪要。

⑥经批准的开、竣工报告或停、复工报告。

⑦建设工程工程量清单计价规范或工程预算定额、费用定额及价格信息、调价规定等。

⑧工程预算书。

⑨影响工程造价的相关资料。

2. 竣工结算编制依据

编制竣工结算文件时，除工程结算编制依据之外，还包括以下文件：

①施工专项说明。

②若图纸变更太大，应结合图纸会审、设计变更等内容重新绘制竣工图。

③工程竣工验收证明。

无论是工程结算编制还是竣工结算编制需要的资料，记录均应系统、全面，填写认真规范，语言简练，意思表达清楚，通过文字形式完整记录、反映、证明整个工程造价发生的过程和内容，已变更的有关资料应予以删除，或做出标志和说明。所有这些资料应由专人负责收集、保管、整理和解释。

（三）结算方式

工程结算的方式主要分为中间结算和竣工后一次结算。

（四）工程价款调整方法

1. 工程价款调整原则

当有以下情况之一发生时，均可以对合同价款中间结算进行调整：

竣工结算、法律法规变化、工程变更、工程量偏差、项目特征不符、工程量清单缺项、计日工、物价变化、暂估价、不可抗力、提前竣工、误期补偿、索赔、现场签证、暂列金额以及双方约定的其他调整事项。

2. 工程变更价格调整方法

当工程变更导致该清单项目的工程数量发生变化，且工程量偏差超过15%时，可进行调整。当工程量增加到15%以上时，增加部分的工程量的综合单价应予调低；当工程量减少到15%以上时，减少后剩余部分的工程量的综合单价应予调高。

二、验工计价编制方法

施工阶段 BIM 造价应用主要是验工计价文件的编制。

（一）验工计价流程

验工计价一般是以合同数据为基础，在合同计价文件基础上直接编辑进度计量，在施工过程中，涉及的变更、洽商和索赔按相关规定和流程进行。

（二）结算文件编制方式

竣工阶段 BIM 造价应用主要是编制工程的竣工结算。

工程结算是指发承包双方根据国家有关法律、法规规定和合同约定，对合同工程实施中、终止时、已完工后的工程项目进行的合同价款计算、调整和确认。工程结算有工程定期结算、工程分段结算、工程年终结算和工程竣工结算等形式。

严格意义上讲，工程定期结算、工程分段结算、工程年终结算都属于工程施工过程结算。

工程竣工结算是指工程项目完工并经竣工验收合格后，发承包双方按照施工合同的约定对所完成的工程项目进行的合同价款的计算、调整和确认。工程竣工结算分为建设项目竣工总结算、单项工程竣工结算和单位工程竣工结算。单项工程竣工结算由单位工程竣工结算组成，建设项目竣工结算由单项工程竣工结算组成。

三、工程竣工结算的编制和审核

单位工程竣工结算由承包人编制，发包人审查；实行总承包的工程，由具体承包人编制，在总包人审查的基础上，发包人审查。单项工程竣工结算或建设项目竣工总结算由总（承）包人编制，发包人可直接进行审查，也可以委托具有相应资质的工程造价咨询机构进行审查。政府投资项目由同级财政部门审查。单项工程竣工结算或建设项目竣工总结算经发包人、承包人签字、盖章后有效。承包人应在合同约定期限内完成项目竣工结算编制工作，未在规定期限内完成的，并且提不出正当理由延期的，责任自负。

（一）工程竣工结算的编制依据

工程竣工结算由承包人或受其委托具有相应资质的工程造价咨询人编制，由发包人或受其委托具有相应资质的工程造价咨询人核对。工程竣工结算编制的主要依据有：

①建设工程工程量清单计价规范以及各专业工程工程量清单计算规范；

②工程合同；

③发承包双方实施过程中已确认的工程量及其结算的合同价款；

④发承包双方实施过程中已确认调整后追加（减）的合同价款；

⑤建设工程设计文件及相关资料；

⑥投标文件；

⑦其他依据。

（二）工程竣工结算的计价原则

在采用工程量清单计价的方式下，工程竣工结算的编制应当遵循合同规定的计价原则：

①分部分项工程和措施项目中的单价项目应依据双方确认的工程量与已标价工程量清单的综合单价计算；如发生调整，以发承包双方确认调整的综合单价计算。

②措施项目中的总价项目应依据合同约定的项目和金额计算；如发生调整的，以发承包双方确认调整的金额计算，其中安全文明施工费必须按照国家或省级、行业建设主管部门的规定计算。

③其他项目应按下列规定计价：

a.计日工应按发包人实际签证确认的事项计算；

b.暂估价应按发承包双方按照相关规定计算；

c.总承包服务费应依据合同约定金额计算，如发生调整的，以发承包双方确认调整的金额计算；

d.施工索赔费用应依据发承包双方确认的索赔事项和金额计算；

e.现场签证费用应依据发承包双方签证资料确认的金额计算；

f.暂列金额应减去工程价款调整（包括索赔、现场签证）金额计算，如有余额则归发包人。

④规费和增值税应按照国家或省级、行业建设主管部门的规定计算。

此外，发承包双方在合同工程实施过程中已经确认的工程计量结果和合同价款，在竣工结算办理中应直接进入结算。

采用总价合同的，应在合同总价基础上，对合同约定能调整的内容及超过合同约定范围的风险因素进行调整；采用总价合同的工程总承包项目，除合同约定可以调整的情况外，合同价款一般不予调整。采用单价合同的，在合同约定风险范围内的综合单价应固定不变，并应按合同约定进行计量，且应按实际完成的工程量进行计量。

（三）竣工结算的审查

①工程竣工结算审查期限。单项工程竣工后，承包人应在提交竣工验收报告的同时，向发包人递交竣工结算报告及完整的结算资料，发包人应在规定时限进行核对（审查）并提出审查意见。

建设项目竣工总结算在最后一个单项工程竣工结算审查确认后 15 天内汇总，送发包人后 30 天内审查完成。

②发包人收到竣工结算报告及完整的结算资料后，在规定或合同约定期限内予以答复，逾期未答复的，按照合同约定处理，合同没有约定的，竣工结算文件视同认可；发包人对竣工结算文件有异议的，应当在答复期内向承包人提出，并可以在提出异议之日起的约定期限内与承包人协商；发包人在协商期内未与承包人协商或者经协商未能与承包人达成协议的，应当委托工程造价咨询机构进行竣工结算审核，并在协商期满后的约定期限内，向承包人提出由工程造价咨询机构出具竣工结算文件审核意见。

承包人如未在规定时间内提供完整的工程竣工结算资料，经发包人催促后 14 天内仍未提供或没有明确答复，发包人有权根据已有资料进行审查，责任由承包人自负。

③发包人委托工程造价咨询机构核对竣工结算的，工程造价咨询机构应在规定期限内核对完毕，核对结论与承包人竣工结算文件不一致的，应提交给承包人复核，承包人应在规定期限内将同意核对结论或不同意见的说明提交工程造价咨询机构。工程造价咨询机构收到承包人提出的异议后，应再次复核，复核无异议的，发承包双方应在规定期限内在竣工结算文件上签字确认，竣工结算办理完毕；复核后仍有异议的，对于无异议部分办理不完全竣工结算；有异议部分由发承包双方协商解决，协商不成的，按照合同约定的争议解决方式处理。

承包人逾期未提出书面异议的，视为工程造价咨询机构核对的竣工结算文件已经承包人认可。

④接受委托的工程造价咨询机构从事竣工结算审核工作通常应包括下列三个阶段：

a.准备阶段。准备阶段应包括收集、整理竣工结算审核项目的审核依据资料，做好送审资料的交验、核实、签收工作，并应对资料的缺陷向委托方提出书面意见及要求。

b.审核阶段应包括现场踏勘核实，召开审核会议，澄清问题，提出补充依据性资料和必要的弥补性措施，形成会议纪要，进行计量、计价审核与确定工作，完成初步审核报告。

c.审定阶段应包括就竣工结算审核意见与承包人和发包人进行沟通，召开协调会议，处理分歧事项，形成竣工结算审核成果文件，签认竣工结算审定签署表，提交竣工结算审核报告等工作。

⑤竣工结算审核的成果文件应包括竣工结算审核书封面、签署页、竣工结算审核报告、竣工结算审定签署表、竣工结算审核汇总对比表、单项工程竣工结算审核汇总对比表、单位工程竣工结算审核汇总对比表等。

⑥工程造价咨询机构接受发包人或承包人委托编审工程竣工结算，应按合同约定和实际履约事项认真办理，出具的竣工结算报告经发承包双方签字后生效。

凡由发承包双方授权的现场代表签字的现场签证以及发承包双方协商确定的索赔等费用，应在工程竣工结算中如实办理，不得因发承包双方现场代表的中途变更改变其有效性。

竣工结算审核应采用全面审核法，除委托咨询合同另有约定外，不得采用重点审核法、抽样审核法或类比审核法等其他方法。

（四）质量争议工程的竣工结算

发包人对工程质量有异议拒绝办理工程竣工结算时，应按以下规定执行：

①已经竣工验收或已竣工未验收但实际投入使用的工程，其质量争议按该工程保修合同执行，竣工结算按合同约定办理。

②已竣工未验收且未实际投入使用的工程以及停工、停建工程的质量争议，双方应就有争议的部分委托有资质的检测鉴定机构进行检测，根据检测结果确定解决方案，或按工程质量监督机构的处理决定执行后办理竣工结算，无争议部分的竣工结算按合同约定办理。

四、竣工结算款的支付

工程竣工结算文件经发承包双方签字确认的，应当作为工程结算的依据，未经对方同意，另一方不得就已生效的竣工结算文件委托工程造价咨询机构重复审核。发包方应当按照竣工结算文件及时支付竣工结算款。竣工结算文件应当由发包人报工程所在地县级以上地方人民政府住房城乡建设主管部门备案。

（一）承包人提交竣工结算款支付申请

承包人应根据办理的竣工结算文件，向发包人提交竣工结算款支付申请。该申请应包括下列内容：

①竣工结算合同价款总额；

②累计已实际支付的合同价款；

③应扣留的质量保证金；

④实际应支付的竣工结算款金额。

（二）发包人签发竣工结算支付证书

发包人应在收到承包人提交竣工结算款支付申请后在约定期限内予以核实，向承包人签发竣工结算支付证书。

（三）支付竣工结算款

发包人签发竣工结算支付证书后的约定期限内，按照竣工结算支付证书列明的金额向承包人支付结算款。

发包人在收到承包人提交的竣工结算款支付申请后规定时间内不予核实，不向承包人签发竣工结算支付证书的，视为承包人的竣工结算款支付申请已被发包人认可；发包人应在收到承包人提交的竣工结算款支付申请规定时间内，按照承包人提交的竣工结算款支付申请列明的金额向承包人支付结算款。

发包人未按照规定的程序支付竣工结算款的，承包人可催告发包人支付，并有权获得延迟支付的利息。发包人在竣工结算支付证书签发后或者在收到承包人提交的竣工结算款支付申请，在规定时间仍未支付的，除法律另有规定外，承包人可与发包人协商将该工程折价，也可直接向人民法院申请将该工程依法拍卖。承包人就该工程折价或拍卖的价款优先受偿。

五、合同解除的价款结算与支付

发承包双方协商一致解除合同的，按照达成的协议办理结算和支付合同价款。

（一）不可抗力解除合同的价款结算与支付

由于不可抗力解除合同的，发包人除应向承包人支付合同解除之日前已完成工程，但尚未支付的合同价款，还应支付下列金额：

①合同中约定应由发包人承担的费用。

②已实施或部分实施的措施项目应付价款。

③承包人为合同工程合理订购且已交付的材料和工程设备货款。发包人一经支付此项货款，该材料和工程设备即成为发包人的财产。

④承包人撤离现场所需的合理费用，包括员工遣送费和临时工程拆除、施工设备运离现场的费用。

⑤承包人为完成合同工程而预期开支的任何合理费用，且该项费用未包括在本款其他各项支付之内。

发承包双方办理结算合同价款时，应扣除合同解除之日前，发包人应向承包人收回的价款。当发包人应扣除的金额超过了应支付的金额，则承包人应在合同解除后的约定期限内将其差额退还给发包人。

（二）违约解除合同的价款结算与支付

①承包人违约。因承包人违约解除合同的，发包人应暂停向承包人支付任何价款。发包人应在合同解除后的规定时间内，核实合同解除时，承包人已完成的全部合同价款，以及按施工进度计划已运至现场的材料和工程设备货款，按合同约定核算承包人应支付的违约金以及造成损失的索赔金额，并将结果通知承包人。发承包双方应在规定时间内予以确认或提出意见，并办理结算合同价款。如果发包人应扣除的金额超过了应支付的金额，则承包人应在合同解除后的规定时间内将其差额退还给发包人。发承包双方不能就解除合同后的结算达成一致的，按照合同约定的争议解决方式处理。

②发包人违约。因发包人违约解除合同的，发包人除应按照有关不可抗力解除合同的规定，向承包人支付各项价款外，还需按合同约定核算发包人应支付的违约金以及给承包人造成损失或损害的索赔金额费用。该笔费用由承包人提出，发包人核实后与承包人协商确定后，在约定期限内，向承包人签发支付证书。协商不能达成一致的，按照合同约定的争议解决方式处理。

六、最终结清

所谓最终结清，是指合同约定的缺陷责任期终止后，承包人已按合同规定完成全部剩余工作且质量合格的，发包人与承包人结清全部剩余款项的活动。

（一）最终结清申请单

缺陷责任期终止后，承包人已按合同规定完成全部剩余工作量且质量合格的，发包人签发缺陷责任期终止证书，承包人可按合同约定的份数和期限向发包人提交最终结清申请单，并提供相关证明材料，详细说明承包人根据合同规定已经完成的全部工程价款金额，以及承包人认为根据合同规定，应进一步支付给他的其他款项。发包人对最终结清申请单内容有异议的，有权要求承包人进行修正和提供补充资料，由承包人向发包人提交修正后的最终结清申请单。

（二）最终支付证书

发包人收到承包人提交的最终结清申请单后的，在规定时间内予以核实，向承包人签发最终支付证书。发包人未在约定时间内核实，又未提出具体意见的，视为承包人提交的最终结清申请单已被发包人认可。

（三）最终结清付款

发包人应在签发最终结清支付证书后的规定时间内，按照最终结清支付证书列明的金额向承包人支付最终结清款。最终结清付款后，承包人在合同内享有的索赔权利也自行终止。发包人未按期支付的，承包人可催告发包人在合理的期限内支付，并有权获得迟延支付的利息。

最终结清时，如果承包人被扣留的质量保证金不足以抵减发包人工程缺陷修复费用的，承包人应承担不足部分的补偿责任。

最终结清付款涉及政府投资资金的，按照国库集中支付等国家相关规定和专用合同条款的约定办理。

承包人对发包人支付的最终结清款有异议的，按照合同约定的争议解决方式处理。

七、工程质量保证金的处理

（一）工程质量保证金的含义

建设工程质量保证金是指发包人与承包人在建设工程承包合同中约定，从应付的工程款中预留，用以保证承包人在缺陷责任期内对建设工程出现的缺陷进行维修的资金。缺陷是指建设工程质量不符合工程建设强制标准、设计文件，以及承包合同的约定。缺陷责任期是承包人对已交付使用的合同工程承担合同约定的缺陷修复责任的期限。缺陷责任期一般为 1 年，最长不超过 2 年，由发承包双方在合同中约定。

缺陷责任期与工程保修期既有区别又有联系。缺陷责任期实质上是承担缺陷修复和处理以及预留工程质量保证金的一个期限，而工程保修期是发承包双方按《建设工程质量管理条例》在工程质量保修书中约定的保修期限。在正常使用条件下，地基基础工程和主体结构工程的保修期限为设计文件规定的合理使用年限。显然，缺陷责任期不能等同于工程保修期。

缺陷责任期从工程通过竣工验收之日起计算。由于承包人原因导致工程无法按规定期限进行竣工验收的，缺陷责任期从实际通过竣工验收之日起计算。由于发包人原因导致工程无法按规定期限竣工验收的，在承包人提交竣工验收报告 90 天后，工程自动进入缺陷责任期。

（二）工程质量保修书

发承包双方在工程质量保修书中约定的建设工程的保修范围包括：地基基础工程、主体结构工程,屋面防水工程、有防水要求的卫生间、房间和外墙面的防渗漏,供热与供冷系统，电气管线、给排水管道、设备安装和装修工程，以及双方约定的其他项目。

具体保修的内容，双方在工程质量保修书中约定。

由于用户使用不当或自行修饰装修、改动结构、擅自添置设施而造成建筑物功能不良或损坏者，以及对因自然灾害等不可抗拒力因素造成的质量损害，不属于保修范围。

（三）工程质量保证金的预留及管理

发包人应按照合同约定方式预留保证金，保证金总预留比例不得高于工程价款结算总额的 3%。合同约定由承包人以银行保函替代预留保证金的，保函金额不得高于工程价款结算总额的 3%。在工程项目竣工前，已经缴纳履约保证金的，发包人不得同时预留工程质量保证金。采用工程质量保证担保、工程质量保险等其他保证方式的，发包人不得再预留保证金。

缺陷责任期内，由承包人原因造成的缺陷，承包人应负责维修，并承担鉴定及维修等费用。由他人原因造成的缺陷，发包人负责组织维修，承包人不承担费用，且发包人不得从保证金中扣除费用。

（四）质量保证金的返还

缺陷责任期内，承包人认真履行合同约定的责任，到期后，承包人向发包人申请返还保证金。发包人和承包人对保证金预留、返还以及工程维修质量、费用有争议的，按承包合同约定的争议和纠纷解决程序处理。

第二节　施工阶段 BIM 造价应用

一、BIM5D 模型的建立及更新

（一）BIM5D 施工资源信息模型构成

BIM5D 施工资源信息模型是在原有的 3D 基础信息模型上进行改进，将 3D 基础信息模型与施工进度结合在一起，并融合施工资源与造价信息。BIM5D 施工资源信息模型由三个子模型构成，即 3D 基础信息模型、造价信息模型和进度信息模型。

1. 3D 基础信息模型

3D 基础信息模型是通过 BIM 建模软件创建的基本信息模型，作为 BIM 模型构建的基础模型，其包含了施工项目构件的名称、类型、尺寸、材质、物理参数等属性信息，以及构件之间的空间关系。通过 3D 基本信息模型，可直接查看到构件的工程量，或在明细表中计算出构件的数量。

2. 造价信息模型

造价信息模型是在 3D 基础信息模型上附加工程造价信息，形成了含有成本与材料用量的一个子信息模型。它包含了建筑物构件建成所需要的人工、材料与机械定额用量、工程量清单、文明施工、安全施工等的费用信息。通过此模型的构建，系统能够自动提取工程量清单信息和构件所需的资源用量与造价信息。

3. 进度信息模型

进度信息模型主要用途体现在施工阶段中，它是将 3D 基础信息模型信息与各个施工任务时间信息，通过 WBS 分解并关联形成 4D 信息模型，以此对施工过程进行模拟，实现对进度、资源的动态有效管理与优化。其中 WBS 起着重要的作用，它既是建筑模型构件分解的依据，又是施工管理的重要核心。

BIM5D 施工资源信息模型是在 3D 基础信息模型的基础上，集成进度信息与造价信息模型，用等式可表示为：5D = 3D 实体＋时间（Time）＋成本（Cost）。从本质上看，3D 模型与 5D 模型的模型框架体系是相同的，根本区别在于模型图元数据结构的不同。因此，构建 5D 模型时仍然可以沿用 3D 模型的框架体系，不需要对 3D 模型的结构体系做出本质改变，只需要在 3D 基础信息模型的基础上，将时间数据以及造价数据与模型图的 3D 几何元数据及关联数据进行有机的整合，即可构建 BIM5D 模型。

通过集成的 BIM5D 模型，可以实现以时间段、部位、专业、构件类型等各种维度来查看相关的进度、清单、工程量、合同、图纸等业务数据。同时，还可以实现对施工过程中的任意一个阶段或者节点进行工程量的计算、人材机的用量计算以及相应成本预算情况的汇总，并进行动态的管理、优化与监控。

（二）BIM5D 施工资源信息模型的创建

BIM5D 施工资源信息模型的创建方式主要有两种：一种是直接利用 BIM 设计软件建立的三维模型；另一种是利用二维 CAD 设计图转化为三维信息模型。

1. 直接利用 BIM 设计软件建立的三维模型

在设计模型建立过程中，就已经为构件建立相关的三维坐标信息、材料信息等，在构建立 BIM5D 施工资源信息模型时，可直接对三维构件添加进度和成本信息，从而保证了设计信息完整和准确，同时也避免了重新建模过程中可能产生的人为错误。其主要步骤为：

①创建 3D 基础信息模型，形成三维几何空间模型。在创建时可采用三维核心建模软件，如 Revit 系列、Bentley 系列、Archi CAD 等软件。

②在 3D 基础信息模型基础上附加工程造价信息，构建预算信息模型，形成造价文件：该过程一方面可以通过对软件 3D 模型设置相应的造价参数，形成工程造价信息；另一方面也可以通过斯维尔、鲁班、广联达、Innovaya 等造价管理软件实现。

③采用 Microsoft Project、P6、OpenPlan 等项目管理软件完成网络图的编制，形成进度文件。

④在创建中应用 Autodesk Navisworks、斯维尔、鲁班、广联达等软件提供的 BIM5D 平台，导入 3D 基础信息模型、进度计划文件与造价文件以及图纸等资料，通过软件平台集成进度、预算、资源、施工组织等关键信息，最终形成 BIM5D 施工资源信息模型。

2. 利用二维 CAD 设计图转化三维信息模型

该方式需要对二维图进行二次加工，将二维 CAD 图纸导入 BIM 软件中，并人为添加空间坐标信息，生成可视化的三维模型，然后在三维模型上添加进度和成本信息。这种方式效率相对较低，同时需对二维图进行二次加工，可能导致一些人为错误。

（三）BIM5D 施工资源信息模型的更新

施工资源信息模型通过将建筑物所有信息参数化形成 5D 模型，并以 BIM5D 模型为基础构建起建设工程项目的数据信息库，在施工阶段中随着工程施工的展开及市场变动。在建设工程项目或者材料市场价格发生变化时，只需要对 BIM5D 模型进行更新，调整相应的信息，整个数据库包含的建筑构件工程量、建筑项目施工进度、建筑材料市场价格、建设项目设计变更以及变更前后的变化等信息都会相应地做出调整，使信息的时效性更强，信息更加准确有效。

二、材料计划管理

在施工阶段的工程造价管理中，工程材料控制是管理的重要环节。材料费占工程造价的比例较大，一般占整个预算费用的 70% 左右；及时完备地供应所需材料，是保障施工顺利的主要因素。因此，施工阶段一方面要严格控制材料用量，选择合理价格采购，有效管控施工成本；另一方面还要合理制订材料计划，按计划及时组织材料进场，保证工程施工的正常开展。

在传统的材料管理模式下，需要施工、造价、材料等管理人员共同汇总分析各方数据进行管理，在管理中存在核算不准确、材料申报审查不严格、材料计划不能随工程变更和进度计划及时调整等问题，很难保证材料计划的准确性和及时性，导致材料积压、停工待料、限额领料依据不足、工程成本上涨等管理问题。

通过 BIM5D 应用其模型中基本构件与工程量信息、造价信息、工程进度信息的关联性，可以有效地解决传统的材料管理模式所出现的管理问题。其在现场材料计划管理过程中的主要应用包括以下几个方面：

（一）有效获取材料使用量信息

根据工程进度，BIM5D 模型可按照年、季、月、周等时间段，周期性地自动从模型中抽取与之关联的资源消耗信息以及材料库存信息，形成准确及时的周期材料计划，使材料使用数量、使用时间、投入范围与施工进度计划有效地结合在一起，使材料的采购与库存成本最优化，实现对现场材料的动态平衡管理。

（二）制订材料采购计划

通过 BIM5D 模型，工程采购人员能够随时查看周期材料计划和现场实际材料消耗量以及仓库内物资的库存情况，并结合工程进度要求，制订出各周期相应的材料采购计划。工程采购人员按照材料采购计划合理安排材料进场时间，及时补充材料，避免工程进度因材料供应问题发生工期延误。

（三）及时更新材料计划

当发生工程变更或施工进度变化时，修改 BIM5D 模型，可自动对指定时间段内的人力、材料、机械等资源需求量以及工程量进行统计更新，使模型系统自动更新相应时间段内的材料计划，避免出现由于计划调整的滞后造成的成本损失。

（四）实现限额领料

使用 BIM5D 模型可以实现限额领料，控制材料浪费现象。BIM5D 模型中集成了各类材料信息，为限额领料提供了实时的材料查询平台，并能按照分包、楼层、部位、工序等多维度查询材料需用量。施工班组领料时，材料库管人员可根据领料单涉及的工程范围，通过 BIM5D 模型直接查看相应的材料计划，通过材料计划量控制领用量，并将领用量计入模型，形成实际材料消耗量。工程预算人员可针对计划进度和实际进度，查询任意进度计划节点在指定时间段内的工程量，以及相应的材料计划用量和实际用量，并可进行相关材料的预算用量、计划用量和实际消耗量三项数据的对比、分析和预测。

三、进度款支付

（一）基于 BIM5D 的进度款计量

工程进度款是指在工程项目进入施工阶段后，建设单位或业主根据监理单位签署的工程量和工程产品的质量验收报告，按照初始订立的合同规定数额计算方式，并按一定程序支付给承包商的工程价款。进度款支付方式有按月结算、竣工后一次结算和分段结算等多种方式。

无论用何种支付方式，在工程进度款支付时都需要有准确的工程量统计数据，将 BIM5D 模型系统应用于进度款计量工作中，将有效地改变传统模式下的计量工作状况。

（二）基于 BIM5D 的进度款管理

管理进度款时往往会遇到依据多、计算繁琐、汇总量大、管理难等困难，因此，在进度款管理中引入 BIM5D 平台进行管理，具有较高的应用价值。

①根据 BIM5D 模型系统上已建工程量，补充价差调整等信息，快速准确地统计某一时段的造价信息，并通过项目管理平台及时办理工程进度款支付申请。

② BIM5D 模型系统集成了任务信息和施工流水段信息，各分包与施工流水段是对应的，这样系统就能清晰识别各分包的工程，便于总承包单位进行分包工程量核实。如果能将分包单位纳入统一 BIM5D 平台系统，分包也可以直接基于系统平台进行分包报量，提高工作效率。

③进度款的支付单据和相应数据都会自动记录在 BIM5D 模型系统中，并与模型相关联，便于后期的查询、结算、统计、汇总等工作，为后期的造价管理工作提供准确的进度款信息。

④ BIM5D 模型系统提供了可视化功能，可以随时查看三维变更信息模型，并可直接调用变更前后的模型进行对比分析，避免在进行进度款结算时描述不清楚而出现纠纷。

四、签证与变更处理

由于建设项目的复杂性和动态性，施工过程变化大，导致设计变更、签证较多。签证、变更设计需要很多现场信息，在业主代表将信息反馈给技术人员的过程中，中间信息传递滞后且容易丢失，使签证、变更过程中沟通协商成本变高。BIM 技术的应用在这方面有较为突出的优势，一旦出现签证、设计变更，建模人员做出模型修改后，更新数据可及时传递给各方，加快了工期推进，提高了管理效率，并实现了数据的集成化管理。基于 BIM5D 平台的签证及变更管理主要有以下内容：

①查询原方案信息。通过 BIM5D 模型查询与验证、变更有关的构件模型，确定出构件原方案的几何材料以及造价信息并汇总。

②调整变更模型和造价管理。在 BIM5D 模型中对与签证、变更有关的构件进行变更内容修改，将修改后的模型导入造价管理软件，重新形成新的预算信息模型。计算出签证、变更后的工程量，并确定出签证、变更后的价格信息，形成新的造价文件。

③变更数据存储。将新的造价文件重新导入 BIM5D 平台，由于 BIM5D 平台中保留了原模型的数据，因此，可进行新旧数据的对比分析，形成签证、变更的数据库，实现对工程签证、变更的动态管理。

④变更管理。利用 BIM5D 平台的可视性及协同性，可以实现多方管理人员对签证、变更的协同管理，提高管理质量和效率，避免出现管理延误等问题。

五、动态成本控制

（一）基于 BIM5D 的动态成本控制

在传统的项目管理系统（PM）的基础上，集成 BIM5D 技术对施工项目成本进行动态控制，可以有效地融合技术和管理两个手段的优势，提高项目成本控制的效果，BIM5D 的施工动态成本控制主要包括成本计划阶段、成本执行和反馈阶段、成本分析阶段。

1. 成本计划阶段

成本计划的编制是施工成本预控的重要手段。需要根据工程预算和施工方案等确定人员、材料、机械、分包等成本控制目标和计划，并依据进度计划制定人员和资源的需求数量、进场时间等，最后编制合理的资金计划，对资金的供应进行合理安排。BIM 技术在成本计划阶段的应用主要体现在以下方面：

① BIM 技术可将建筑物全生命周期的信息集成在一个模型中，便于项目历史数据的调用和参考，减少了对主观经验的依赖。

②通过 BIM5D 模型可自动识别出实体的工程量，并结合进度和施工方案确定人工、材料、机械等资源数量，关联资源价格数据可快速计算出工程实体的成本，并将成本计划进一步分配到时间、部位等维度。

③在计划执行前，可通过 BIM5D 平台对方案和计划进行事前模拟，确定方案的合理性，并通过调整计划使施工期资源达到均衡。

2. 成本执行和反馈阶段

成本计划的执行和反馈是成本事中控制的重要阶段，反映的是工程成本计划的执行和监控的实际过程。BIM 技术在成本执行和反馈阶段的应用主要体现在以下方面：

①成本事中控制阶段，在 BIM5D 模型中对各项成本数据的统计和分析是以工程实体对象为准，统一成本控制的价格、支付信息等事项。

②施工过程中 BIM5D 平台可以根据工程实体的进度，自动计算出不同实体在不同时期的动态资源需求量，便于合理地安排资源的采购和进场。

③ BIM5D 平台不仅可以集成建筑的物理信息，而且还集成建筑的过程信息，在成本实施中可以将不同阶段的进度、成本信息按工程实体及时反馈到 BIM5D 平台系统中，基于反馈的信息，BIM5D 平台系统可主动计算出成本计划和实际的偏差，为及时采取有效措施调整偏差创造条件。

④工程实施过程中，发生工程变更会打乱原计划，BIM5D 平台可通过比较变更前后的模型差异，计算变更部位及变更工程量的差异。在计算出变更工程量之后，可根据模型的变更情况，快速定位进度计划，实现进度计划的实时调整和更新，加快应对效率，降低成本。

⑤ BIM5D 平台还是一种协同控制平台，设计方可以根据施工进度合理地安排出图计划，监理方可根据 BIM 模型的实体进度来审核验工计价，业主方可以根据 BIM5D 平台的资金流程准备资金，总承包商可以通过 BIM5D 平台与供应商、分包商进行沟通和协作，从而提高效率，降低成本。

3. 成本分析阶段

成本分析是揭示工程项目成本变化情况及变化原因的过程。成本分析为未来的成本预测和成本计划编制指明了方向。BIM 技术在成本分析阶段的应用主要体现在以下方面：

①平台具有面向实体的可视化特性和集成过程信息的特性。在工程项目的某一个周期结束后，可以将该施工周期的形象进度、各类资源的投入、工程变更等进行可视化的回放，为造价管理人员进行深入的成本分析奠定了基础。

②成本分析阶段不仅可以实现多维（预算成本、合同收入、实际成本）的统计和分析，而且还可将成本分析细化到分部分项工程、工序等层次，进行深层次的成本对比分析，形成对成本的综合动态分析，为挖掘成本控制的潜力和不足以及下一步成本控制提供依据。

③在施工过程中，合同收入、预算成本和实际成本数据是实现成本动态对比

分析的基础，利用 BIM5D 可以方便快捷地得到计算数据。

BIM5D 模型在施工过程中，按照月度实际完成进度，自动形成关联模型的已建工程量清单，并导入项目管理系统，形成月度业主报量，根据业主批复工程量和预算单价形成实际收入。同时根据清单资源自动归集到成本项目，形成核算期间内的成本项目的合同收入。

根据月度实际完成任务，确定当月完成模型的范围。从关联模型中自动导出形成月度实际完成工程量，按照成本口径归集，形成预算成本。进一步细化，按照合约规划项自动统计，形成具体分包合同的预算成本。

在项目管理系统中，随着工程分包、劳务分包、材料出库、机械租赁等业务的进展，每月自动按照分包合同口径形成实际成本归集，进一步归集到成本项目，这样就形成项目的实际成本。

基于 BIM 的成本分析可以实现工序、构件级别的成本分析，在 BIM5D 成本管理模式下，关于成本的信息全部和模型进行了绑定，间接绑定了进度任务，这样就可以在工序、时间段、构件级别进行成本分析。特别是基于 BIM 模型的资源量控制，主要材料（钢筋、混凝土）基于模型已经细化到楼层、部位。通过 BIM 模型的预算量，可控制其实际需用和消耗量，并将预算和收入进行及时的对比分析和预控。对于合同而言，可以按照分包合同细化到各费用明细，通过 BIM 模型的工程量，控制其过程报量和结算量。

（二）基于 BIM5D 的成本控制模式动态性体现

基于 BIM5D 的成本控制模式是一种动态的成本控制模式，主要体现在以下方面：

①空间维度上的动态。由于 BIM5D 可面向实体对象和虚拟动态模拟的特性，使得成本计划、成本监控和成本分析的各种过程数据都可以实现和模型实体的结合，不再是与对象割裂静态的数据。

②时间维度上的动态。基于 BIM5D 的成本控制模式，可实现成本数据的实时反馈、动态追踪和偏差分析，使得成本控制的周期极大缩短，不再是成本控制周期较长、成本分析相对滞后的静态的成本控制模式。

③时间和空间维度相结合的动态。基于 BIM5D 的成本控制模式，使得工程项目的建造过程中与成本控制相关的进度、资源、工程实体等可以像纪录片一样进行记录和回放，在对项目进行分析时，不再需要去查询施工日志、图纸等静态的资料。

第三节　竣工阶段 BIM 造价应用

按照我国建设程序的规定，竣工验收是建设过程最后阶段；是建设项目施工阶段和保修阶段的中间环节；是全面检验建设项目是否符合设计要求和工程质量检验标准的重要环节，审查投资使用是否合理的重要环节；是投资成果转入生产或使用的标志，对促进建设项目及时投产或交付使用、发挥投资效果、总结建设经验有着重要作用。

在工程竣工验收合格后，承包人应利用 BIM 技术及时编制竣工结算，提交发包人审核，发包人在规定时间内详细审核承包人竣工结算模型，同时审核编报的结算文件及其相关资料，出具审核结论及审定的结算，经发包人、承包人签字盖章，确认后，作为经济性文件，成为双方结清工程价款的直接依据。

一、竣工结算模型管理
（一）竣工结算模型构建

竣工结算模型是基于施工过程模型，通过补充完善施工中的修改变更和相关验收资料信息等创建，包含施工管理资料、施工技术资料、施工进度及造价资料、施工测量记录、施工物资资料、施工记录、施工试验记录及检测报告、过程验收资料、竣工质量验收资料等。相关资料应符合国家、行业、企业相关规范、标准的要求。

竣工结算模型应根据相关参与方协议，明确数据信息的内容及详细程度，以满足完成造价任务所需的信息量要求，同时应确定数据信息的互用格式，即交付方应保证模型数据能够被接收方直接读取。当数据格式需转换时，能采用成熟的转换工具和转换方式进行。交付方在竣工模型交付前，须对模型数据信息进行内部审核验收，应达到合同商定的验收条件。模型接收方接受模型后，应及时确认和核对。

竣工结算模型由总包单位或其他单位统一整合时，各专业承包单位应对提交的模型数据信息进行审核、清理，确保数据的准确性与完整性。竣工资料的表达形式包括文档、表格、视频、图片等，宜与模型元素进行关联，便于检索。查找竣工结算模型的信息应满足不同竣工交付对象和用途，模型信息宜按需求进行过滤筛选，不宜包含冗余信息。对运维管理有特殊要求的，可在交付成果中增加满足运行与维护管理基本要求的信息，包括设备维护保养信息、工程质量保修书、建筑信息模型使用手册、房屋建筑使用说明书、空间管理信息等。竣工结算模型的创建及应用过程如下：

1. 收集数据

创建竣工结算模型需要收集和准备的数据，包括施工过程造价管理模型、与竣工结算工程量计算相关的构件属性参数信息文件、结算工程量计算范围、计量计价要求及依据、结算相关的技术与经济资料等。

2. 生成竣工结算模型

在最终版施工过程造价管理模型的基础上，根据经确认的竣工资料与结算工作相关的各类合同、规范、双方约定等相关文件资料进行模型的调整，生成竣工结算模型。

3. 审核模型

将最终版施工过程造价管理模型与竣工结算模型进行比对，确保模型中反映的工程技术信息与商务经济信息相统一。

4. 完善模型

对于在竣工结算阶段中产生的新类型的分部分项工程，按前述步骤完成工程量清单编码映射、完善构件属性参数信息、构件深化等相关工作，生成符合工程量计算要求的构件。

5. 生成造价文件

利用经过校验并多方确认的竣工结算模型，进行"结算工程量报表"的编制，完成工程量的计算、分析、汇总，导出完整全面的结算工程量报表，以满足结算工作的要求。

（二）竣工结算模型深度

竣工结算阶段的工程量计算是项目应用 BIM 技术在工程量计算应用中的最后一个环节。本阶段强调对项目最终成果的完整表达，要将反映项目真实情况的竣工资料与结算模型相统一。本阶段工程量计算注重对前面阶段技术与经济成果的延续、完善和总结，成为工程结算工作的重要依据。

1. 土建模型内容

①桩基工程：这包括了桩的尺寸和位置，凿截桩和注浆等详细工作。

②土方石工程量：涉及平整场地，挖土方和填土方等地面工作。

③钢筋混凝土工程：包括垫层、条形基础、独立基础、集水井外围结构、地下室混凝土外墙及附墙柱、内墙及附墙柱，以及地面以上的混凝土墙和柱子，包

括地下室外露顶板、坡道板、有梁板、平板、无梁板及柱帽的尺寸和位置。钢筋和模板的工程量通常需要使用专业软件或传统方法来计算。

④混凝土细部工程：详细的混凝土工作，如阳台梁、板、雨篷、空调板、挂板、栏板、天沟挑檐、腰线、坡道、散水、台阶、排水沟、后浇带、设备基础和其他零星混凝土工作。

⑤砌筑与二次结构工程：砌体内外墙、构造柱、圈梁、导墙、压顶和窗台梁等，以及二次结构钢筋和模板的工程量计算。

除此之外，土建模型可能还包括金属结构工程（如钢结构、网架、桁架等）、门窗幕墙工程、装饰工程、屋面与防水工程，以及其他零星工程如电梯、扶梯和卫浴配件等。这些模型通常用于在施工前展示建筑项目的各个方面，帮助设计师、建筑师和工程师预见潜在的问题，并规划施工过程。

2．土建基本信息

①接收技术应用阶段的附加信息。

②变更、签证等洽商资料与结算相关资料信息。

③修改桩基构件的规格、混凝土级别等。

④修改混凝土构件的种类、等级、添加剂等。

⑤依据项目情况修改钢筋配筋信息等。

⑥修改砌体构件的规格、材质、等级、砂浆强度级别等。

⑦修改金属结构构件的品种、规格等。

⑧修改其他材料的种类、材质、规格等。

⑨修改装饰工程的种类、材质、规格、厚度、做法等。

⑩修改屋面与防水工程的种类、材质、规格、做法等。

3．安装模型内容

（1）暖通专业

①主要设备深化尺寸、定位信息：冷水机组、新风机组、空调器、通风机、散热器、水箱等。

②其他设备的基本尺寸、位置：伸缩器、入口装置、减压装置、消声器等。

③主要管道、风道深化尺寸、定位信息：管径、标高等。

④次要管道、风道的基本尺寸、位置。

⑤风道末端（风口）的大概尺寸、位置。

⑥主要附件的大概尺寸（近似形状）、位置：阀门、计量表、开关、传感器等。

⑦固定支架等大概尺寸（近似形状）、位置。

（2）给排水专业

①主要设备深化尺寸、定位信息：水泵、锅炉、换热设备、水箱水池等。

②给排水干管、消防管道等深化尺寸、定位信息：管径、埋设深度或敷设标高、管道坡度等；管件（弯头、三通等）的基本尺寸、位置。

③给排水支管的基本尺寸、位置。

④管道末端设备（喷头等）的大概尺寸（近似形状）、位置。

⑤主要附件的大概尺寸（近似形状）、位置：阀门、仪表等。

⑥固定支架等大概尺寸（近似形状）、位置。

（3）电气专业

①主要设备深化尺寸、定位信息：机柜、配电箱、变压器、发电机等。

②其他设备的大概尺寸（近似形状）、位置：照明灯具、插座、开关、视频监控、报警器、警铃、探测器等。

③桥架（线槽）的基本尺寸、位置。

④避雷带、均压环、引下线、接地网的基本尺寸、位置。

电线管、电缆模型中不建议建立模型，可通过其他方式计算。

4. 安装基本信息

（1）暖通专业

①更新系统信息：系统编号。

②更新设备信息：品牌、设备编号、型号、设备参数信息等。

③更新管道信息：品牌、接口形式、材质、规格等。

④更新附件信息：品牌、材质、规格、型号等。

⑤更新管道及设备保温信息：保温材质及厚度。

⑥更新固定支架信息：固定支吊架规格及材质信息。

（2）给排水专业

①更新系统信息：系统编号等。

②更新设备信息：品牌、设备编号、型号及安装形式。

③更新管道信息：品牌、接口形式、材质、规格等。

④更新附件信息：品牌、材质、规格、型号等。

⑤更新管道及设备保温信息：品牌、保温材质及厚度。

⑥更新固定支架信息：固定支吊架规格及材质信息。

（3）电气专业

①更新系统信息：系统编号。

②更新设备信息：品牌、柜体编号、型号、设备参数信息等。

③更新附件信息：品牌、材质、规格、型号及安装形式等。

④更新桥架信息：品牌、安装方式、桥架类型、规格、材质、所属专业。

⑤更新防雷接地信息：规格、材质、安装方式。

二、基于 BIM 的结算管理

（一）结算管理的特点

在工程量清单计价模式下，竣工结算的编制是基于 BIM 技术采取投标合同加上变更、签证等费用的方式进行计算，即以合同标价为基础，增加的项目应另行经发包人签证，对签证的项目内容进行详细费用计算，将计算结果加入合同标价中，即为该工程结算总造价。

虽然结算工作是造价管理最后一个环节，但是结算所涉及的业务内容覆盖了整个建造过程，包括从合同签订一直到竣工的各个阶段有关于设计、预算、施工生产和造价管理等的信息。在竣工阶段常发生竣工资料不完善、前序积累信息流失等问题，这些是造价管理过程中的常见问题，也是管理难点。传统结算工作主要存在以下几个难点：

①依据多。结算涉及合同报价文件，施工过程中形成的签证、变更、智能材料认价等各种相关业务依据和资料，以及工程会议纪要等相关文件。特别是变更、签证，一般项目变更率在 20% 以上，施工过程中与业主、分包、监理、供应商等产生的结算单据数量也较多。

②计算多。施工过程中的结算工作涉及月度、季度造价汇总计算，报送、审核、复审造价计算，以及项目部、公司、甲方等不同维度的造价统计计算。

③汇总多。结算时除了需要编制各种汇总表，还需要编制设计变更、工程洽商、工程签证等分类汇总表，以及分类材料（如钢筋、商品混凝土等）分期价差调整明细表。

④管理难。结算工作涉及成百上千的计价文件、变更单、会议纪要的管理，业务量和数据量大，造成结算管理难度大，变更、签证等业务参与方多和步骤多等问题，也会造成结算管理难。

BIM 技术和 5D 协同管理的引入，有助于改变上述工程结算工作的被动状况。随着施工阶段的推进，BIM 模型数据库不断完善，模型相关的合同、设计变更、现场签证、计量支付、甲供材料等信息也不断录入与更新，到竣工结算时，其信息量已完全可以表达竣工工程实体。通过 BIM 模型与造价软件的整合，利用系统数据与 BIM 模型随工程进行而更新的数据进行分析，可以得出供参考的结算结果。这项工作需要快速地进行工程量分阶段、构件位置的拆分与汇总，依据内置工程量计算规则直接统计出工程量，实现"框图出量"，进而在 BIM 模型基础上加入综合单价等工程造价形成元素对竣工结算进行确认，实现"框图出价"，最终形成工程造价成果文件。

在集成于 BIM 系统的含变更的结算模型中，通过 BIM 可视化的功能可以随时查看三维变更模型，并直接调用变更前后的模型进行对比分析，查阅变更原始资料。同时，还可以查阅、统计变更前后的费用变化情况等。

当涉及工程索赔和现场签证时，可将原始资料（包括现场照片或影像资料等）通过 BIM 系统中图片数据采集平台及时与 BIM 模型准确位置进行关联定位，结算时按需要进行查阅。模型的更新和编辑工作均须留痕迹，即模型及相关信息应记录信息所有权的状态、信息的建立者与编辑者、建立和编辑的时间及所使用的软件工具及版本等。

（二）核对工程量

造价人员基于 BIM 模型的竣工结算工作有两种实施方法：一是向提供的 BIM 模型中增加造价管理需要的专门信息；二是把 BIM 模型里面已经有的项目信息抽取出来或者和现有的造价管理信息建立连接。不论是哪种实施方法，项目竣工结算价款调整主要由工程量和要素价格及取费决定。

竣工结算工程后计算是在施工过程造价管理应用模型基础上，依据变更和结算材料，附加结算相关信息，按照结算需要的工程量计算规则进行模型的深化，形成竣工结算模型，并利用此模型完成竣工结算的工程量计算，以此提高竣工结算阶段工程量计算效率和准确性。从项目发展过程时间线来看，项目工程量随着设计或施工的变化而发生改变，工程结算阶段工程量核对形式依据先后顺序进行分类，主要分为以下四种：

①分区核对。分区核对处于核对数据的第一阶段，主要由一般造价员、BIM 工程师进行比对。按照项目施工阶段的划分将主要工程量分区列出，形成 BIM 数据与预算数据对比分析表。当然施工实际用量的数据也是结算工程量的一个重要参考依据，但是对于历史数据来说，分区统计往往存在误差，所以只存在核对总量的价值。

②分部分项清单工程量核对。分部分项清单工程量核对是在分区核对完成以

后，确保主要工程量数据在总量上差异较小的前提下进行的。如果 BIM 数据和手工数据需要比对，可通过 BIM 建模软件导入外部数据，在 BIM 软件中快速形成对比分析表，通过设置偏差百分率警戒值，可自动根据偏差百分率排序，迅速对数据偏差较大的分部分项工程项目进行锁定。再通过 BIM 软件的"反查"定位功能，对所对应的区域构件进行综合分析，确定项目最终划分，从而得出较合理的分部分项子目。而且通过对比分析表也可以对漏项进行对比检查。

③ BIM 模型综合应用查漏。由于专业与专业之间的信息传递的局限性和技术能力差异，实际结算工程量计算准确性也有较大差异。通过各专业 BIM 模型的综合应用，可直观快速检查专业之间交叉信息，减少因计算能力和经验不足而造成结算偏差。

④大数据核对。大数据核对是在前三个阶段完成后的最后一道核对程序。对项目的高层管理人员来讲，依据一份大数据对比分析报告，加上自身丰富的经验，就可以对项目结算报告做出分析，得出结论。BIM 完成后，直接到云服务器上自动检索高度相似的工程进行云指标对比，查找漏项和偏差较大的项目。

（三）核对要素价格

BIM 技术是一种先进的方法，用于在建筑和工程项目中创建和管理信息。它涉及生成和管理建筑资产的数字表示形式，使工程师、建筑师和建筑承包商能够以三维形式查看和管理建筑物和基础设施的物理和功能特性。

BIM5D 是 BIM 技术的扩展，它加入了成本（第四维）和时间（第五维），允许更为精确和详细的项目管理。它可以实现项目计价一体化，意味着施工项目的成本管理与施工进度和项目模型紧密集成。

BIM5D 平台的应用包括：

①模型与工程量清单的关联：在施工前将通过 BIM 创建的模型与投标时的标价工程量清单关联，形成基础的成本模型。

②施工进度的动态展示：在施工过程中，随着工期的推进和成本要素的调整（如人工费、材料单价等），可以在模型中添加进度参数来动态展示整个工程的施工进度。

③自动生成新的模型版本：系统会根据进度参数自动生成新的模型版本，这个版本将反映各个时间段内需要调整的分项工程量或材料消耗量。

④造价数据的更新：利用模型与工程量清单的关联，系统可以自动更新造价数据，以反映成本要素的变化。

⑤更改记录的保存：所有造价数据的更改记录都会保存在相应的模型版本

上，以便于追踪和审核。

通过这种方式，BIM5D 平台可以帮助实现更高效、更精确的成本控制和项目管理，特别是在施工合同中存在费用调整条款的情况下，这种方法能够提供实时、动态的成本和进度监控，从而优化决策过程和资源分配。

（四）取费确定

工程竣工结算时除了工程量和要素价格调整外，还涉及如安全文明施工费、规费及税金等的确定。此类费用与施工企业管理水平、项目施工方案、施工条件、施工合同条款、政策性文件等约束条件有关，需要根据项目具体情况把这些约束条件或调整条件考虑进去，建立相应 BIM 模型的标准。可通过 BIM 技术手段实现，如应用编程接口（Application Programming Interface，API）。使用 BIM 软件厂商随 BIM 软件一起提供的一系列应用程序接口，造价人员或第三方软件开发人员可以用 API 从 BIM 模型中获取造价需要的项目信息，与现有造价管理软件集成，也可以把造价管理对项目的修改调整和反馈到 BIM 模型中。

三、竣工资料档案汇总

建立完整的工程项目竣工资料档案是做好竣工验收工作的重要内容。工程竣工资料档案记录工程项目的整个历程，是国家、地区、行业发展史的一部分，是评比项目各参与方工作成绩和追究责任的重要依据。涉及造价方面的资料，包括竣工结算模型、经济技术文件等，特别是 BIM 技术下的数据信息模型，是保证项目正式投入运营后进行维修和进一步改扩建的重要技术依据，也是总结经验教训、持续改进项目管理和提供同类型项目管理的借鉴。工程项目竣工结算资料档案按存储介质形式目前可分为纸质版和电子版两种形式，按内容划分主要包括以下方面：

①与工程项目决策有关的文件，包括项目建议书、可行性研究报告、评估报告、环评、批准文件等。

②项目实施前准备阶段的工作资料，包括勘察设计文件和图纸、招标文件、投标文件、各项合同文件及附件资料。

③相关部门的批准文件和协议。

④建设工程中的相关资料，包括施工组织设计、设计变更、工程洽商、索赔与现场签证、各项实测记录、质量监理、试运行考核记录、验收报告和评价报告等。

⑤与工程结算编制相关的工程计价标准、计价方法、计价定额、计价信息及其他规定等依据。

⑥建设期内影响合同价格的法律、法规和规范性文件等。

⑦竣工结算模型。它是反映工程项目完工后实际情况的重要资料档案，各参与方应根据国家对竣工结算模型的要求，对其进行编制、整理、审核、交接和验收。

建筑行业工程竣工档案的交付目前主要采用纸质档案，其缺点是档案文件堆积如山，数据信息保存困难，容易损坏、丢失，查找、使用麻烦。国家档案行业相关标准规范中规定了纸质档案数字化技术和管理规范性要求，纸质竣工档案通过数字化前处理、目录数据库建立、档案扫描、图像处理、数据挂接、数字化成果验收与移交等环节，确保了传统纸质档案数字化成果的存储。但这类扁平化资料在三维可视化和信息集成化等方面依然有较大局限性。

在集成应用了 BIM 技术、计算机辅助工程（Computer Aided Engineering，CAE）技术、虚拟现实、人工智能、工程数据库、移动网络、物联网以及计算机软件集成技术，引入建筑业国际标准，通过建立建筑信息模型，可形成一个全信息数据库，实现信息模型的综合数字化集成，具有可视化、智能化、集成化、结构化特点。

智能化要求建筑工程三维图形与施工工程信息高度相关，能够快速将构件信息、模型进行提取、加工。利用二维码、智能手机、无线射频等移动终端，实现信息面检索交换，快速识别构件系统属性、技术参数，定位构件现场位置，实现高效管理。

规划、设计信息、施工信息、运维信息在工程各个阶段通常是孤立的，给同一项目各个专业的信息传达造成极大不便。通过对各个阶段信息进行综合，并与模型集成，可达到工程数据信息的集成管理。

数字化集成交付系统在网络化的基础上，对信息进行集成、统一管理，通过构件编码和构件成组编码，将构件及其关键信息提取出来，实现数据的高效交换和共享。

根据国家档案局对工程项目档案的要求，工程项目竣工资料不得少于两套。一套交使用（生产、运营）单位保管，一套交有关主管部门保管，关系到国家基础设施建设工程的还应增加一套送国家档案馆保存。工程项目档案资料的保管期分为永久、长期、短期三种，长期保管的工程项目档案资料实际保管期限不得短于工程项目的实际寿命。

参考文献

[1] 肖跃军，肖天一 . 工程造价 BIM 项目应用教程 [M]. 北京：机械工业出版社，2022.

[2] 任娟，杨凯钧 . 中等职业教育土木建筑大类专业互联网＋数字化创新教材——BIM 工程造价软件应用 [M]. 北京：中国建筑工业出版社，2022.

[3] 王舜，王洋，陶延华 .BIM 建筑工程造价 [M]. 北京：化学工业出版社，2022.

[4] 朱溢镕，石芳，吴新华 . 建筑工程 BIM 造价应用（山东版）[M]. 北京：化学工业出版社，2022.

[5] 王健，李冬梅，朱溢镕 . 建筑工程 BIM 造价应用（湖北版）[M]. 北京：化学工业出版社，2022.

[6] 朱溢镕，韩红霞，许准 . 建筑工程 BIM 造价应用（河南版）[M]. 北京：化学工业出版社，2022.

[7] 王健，李冬梅，朱溢镕 .BIM 应用系列教程建筑工程——BIM 造价应用（湖北版）[M]. 北京：化学工业出版社，2022.

[8] 林君晓，冯羽生 . 工程造价管理 [M].3 版 . 北京：机械工业出版社，2022.

[9] 黄丽华，朱溢镕，贺成龙 .BIM 造价应用 [M].2 版 . 北京：化学工业出版社，2022.

[10] 柴美娟，杨杉 .BIM 机电建模与优化设计 [M]. 北京：清华大学出版社，2022.

[11] 柳婷婷，张玲玲 .BIM 建筑工程计量与计价实训（上海版）[M]. 重庆：重庆大学出版社，2022.

[12] 陈蓉芳，吴洋 . 工程造价综合实训 [M]. 长沙：中南大学出版社，2022.

[13] 赵浩，温立 . 这样做 BIM 如此简单——DFC-BIM 实操手册 [M]. 北京：中国建筑工业出版社，2022.

[14] 刘剑飞，段敬民 .BIM 技术应用 [M]. 西安：西安交通大学出版社，2022.

[15] 雷华，冯伟，林俊杰.工程 BIM 招投标与合同管理 [M].北京：中国建筑工业出版社，2022.

[16] 袁庆铭.建筑施工项目管理与 BIM 技术 [M].北京：中国纺织出版社，2022.

[17] 卢永琴，王辉.BIM 与工程造价管理 [M].北京：机械工业出版社，2021.

[18] 杨汉宁，余承真.工程造价 BIM 技术应用 [M].武汉：华中科学技术大学出版社，2021.

[19] 魏丽梅，贾亮，周怡安.BIM 数字化工程造价软件应用 [M].长沙：中南大学出版社，2021.

[20] 陈正，黄莹，樊红缨.基于 BIM 的造价管理 [M].北京：机械工业出版社，2021.

[21] 王君，陈敏，黄维华.现代建筑施工与造价 [M].长春:吉林科学技术出版社，2021.

[22] 饶婕.建筑工程造价软件应用教程 [M].2 版.武汉：武汉理工大学出版社，2021.

[23] 高洁.工程造价管理 [M].2 版.武汉：武汉理工大学出版社，2021.

[24] 周红.建设工程管理信息技术 [M].北京：机械工业出版社，2021.

[25] 李丰.建筑与土木工程 AutoCAD[M].西安：西安电子科学技术大学出版社，2021.

[26] 肖光朋.装配式建筑工程计量与计价 [M].北京：机械工业出版社，2021.

[27] 田建冬.装配式建筑工程计量与计价 [M].南京：东南大学出版社，2021.

[28] 贺成龙，乔梦甜.BIM 技术原理与应用 [M].北京：机械工业出版社，2021.

[29] 刘广杰，董晶.建设工程监理概论 [M].2 版.武汉：武汉理工大学出版社，2021.

[30] 杨远丰.建筑工程 BIM 创新深度应用——BIM 软件研发 [M].北京：中国建筑工业出版社，2021.

[31] 赵海成，蒋少艳，陈涌.建筑工程 BIM 造价应用 [M].北京：北京理工大学出版社，2020.

[32] 朱溢镕，兰丽，邹雪梅.建筑工程 BIM 造价应用[M].北京：化学工业出版社，2020.

[33] 刘红艳.工程造价管理与 BIM 应用研究 [M].延吉：延边大学出版社，2020.

[34] 王芳 . 工程造价管理及 BIM 技术创新研究 [M]. 长春: 吉林科学技术出版社，2020.

[35] 刘永坤 .BIM 建筑工程计量与计价实训（山东版）[M]. 重庆：重庆大学出版社，2020.

[36] 杨文娟 .BIM 建筑工程计量与计价实训（甘肃版）[M]. 重庆：重庆大学出版社，2020.

[37] 吴海蓉 .BIM 建筑工程计量与计价实训（广东版）[M]. 重庆：重庆大学出版社，2020.

[38] 李玲，李文琴 . 工程造价概论 [M].2 版 . 西安：西安电子科技大学出版社，2020.

[39] 刘霞 .BIM 建筑工程计量与计价实训（江苏版）[M]. 重庆: 重庆大学出版社，2020.